朱琼　刘夏　杨海霞◎著

华中科技大学出版社
http://press.hust.edu.cn
中国·武汉

图书在版编目(CIP)数据

过有选择的人生 / 朱琼,刘夏,杨海霞著. -- 武汉：华中科技大学出版社，2024.10(2025.3重印). -- ISBN 978-7-5772-1246-3

Ⅰ. B848.4-49

中国国家版本馆CIP数据核字第2024XK0184号

过有选择的人生
Guo Youxuanze de Rensheng

朱琼　刘夏　杨海霞　著

策划编辑：饶　静	
责任编辑：林凤瑶	
封面设计：琥珀视觉	
插画设计：肖　露	
责任校对：刘　竣	
责任监印：朱　玢	
出版发行：华中科技大学出版社(中国·武汉)	电话：(027)81321913
武汉市东湖新技术开发区华工科技园	邮编：430223
录　　排：孙雅丽	
印　　刷：湖北新华印务有限公司	
开　　本：880mm×1230mm　1/32	
印　　张：6.25　　插页：4	
字　　数：140千字	
版　　次：2025年3月第1版第2次印刷	
定　　价：59.80元	

本书若有印装质量问题,请向出版社营销中心调换
全国免费服务热线：400-6679-118　　竭诚为您服务
版权所有　侵权必究

·目 录·
CONTENTS

▌ **辑一 原生家庭是你的起点,并非终点** / 1

1.1　独立不是孤立,坚强也可以有依靠　　/ 3
1.2　脆弱并非软弱,而是真实的勇气　　/ 8
1.3　放下控制,一切都是OK的　　/ 13
1.4　划清关系边界,摆脱过度承担　　/ 17
1.5　重养自己,治愈缺失的童年　　/ 27
1.6　高自尊的背后是一颗"玻璃心"　　/ 33
1.7　保持人前光鲜,却失去了更多　　/ 39
1.8　"不要脸"之后,反而更有力量了　　/ 44

　　练习1:给童年的自己写一封信　　/ 50
　　练习2:挑战"不要脸"的小实验　　/ 51

▌ **辑二 拥有爱的能力,也拥有离开的底气** / 53

2.1　丧偶式育儿,如何三招打造幸福小家　　/ 55
2.2　经济和精神独立,做自己的女王　　/ 71
2.3　放弃也是一种选择　　/ 80
2.4　女强男弱的关系,如何平衡?　　/ 84
2.5　如何跟另一半好好谈钱?　　/ 88
2.6　亲密关系里,如何强大而不强势　　/ 93

2.7　幸福的婚姻，是每一个人都可以做自己　　　／ 98

练习1：家庭关系改造计划　　　／ 103

练习2：每日肯定认可练习　　　／ 104

▶ 辑三　向前一步，自定义你的职场　　　／ 105

3.1　家庭和工作不能平衡的真相　　　／ 107

3.2　忙而不茫，你需要建立内心的秩序感　　　／ 117

3.3　"女性"不是一个标签　　　／ 124

3.4　"用好"老板，享受轻松又高效的工作　　　／ 133

3.5　是金子总会发光，真的吗？　　　／ 137

3.6　别让回报配不上你的付出　　　／ 140

3.7　内外破局，化身职场"狠"人　　　／ 143

练习：能量守护　　　／ 149

▶ 辑四　照顾全世界，更要照顾好自己　　　／ 151

4.1　面对烦恼，学会无为而治的智慧　　　／ 153

4.2　少一点"我应该"，多一点"我需要"　　　／ 157

4.3　扎心的真相：你不是没时间，而是不够想要！　　　／ 161

4.4　接纳自己的不完美，及格也挺好　　　／ 166

4.5　别被内心小剧场掌控，做一个有钝感的人　　　／ 170

4.6　迷茫的中年人，如何找到自己　　　／ 173

4.7　取悦自己，做一个懂得爱自己的女人　　　／ 186

练习1：摆脱"应该"，给自己松绑　　　／ 193

练习2：测评"你会爱自己吗？"　　　／ 194

辑一

原生家庭是你的起点，并非终点

Compilation 1

1.1 独立不是孤立,坚强也可以有依靠

作者:朱琼

当谈论女性的独立与坚强时,我们往往会赞美她们的自立自强和坚韧不拔。然而,在我做人生教练的经历中,我发现独立女性往往有着另一面。她们通常在工作中非常果断、直率、目标明确、执行力强。但随着我们对话的深入,我会看到她们内心柔软和脆弱的一面,看到她们想要被人关心和呵护的一面,她们中的有些人也想做一个"躺平"的人。

曾经我在加入一个企业项目团队时,负责人将我与客户配对完后,小心翼翼地叮嘱我:你一定要小心这个客户,她非常难搞!她在公司里敢跟任何人叫板,如果她觉得教练没用,可能根本不会配合你的工作。

我走进安排好的会议室，和客户打完招呼后，对方果然很有气势地问我："你与我们这么多高管都聊过了，你对高管有什么看法呢？"

我说："不管你们在工作上多有成就，但我能感觉到你们身上扛着很多压力和责任，大家都很辛苦，也都会焦虑，甚至有迷茫的时刻。"

或许是我言辞中的某个字眼触动了她，我看着她的身体姿势从僵硬变得松弛下来。接着，她开始跟我分享自己内心的想法，从工作到现在二十多年，她经常在想一个问题：自己到底是谁？到底想要什么？工作已经把她训练得无所不能，她在社交场合如鱼得水，社交技巧和谈判技巧也都很强。但夜深人静时，她常常会觉得自己很累，她更希望自己是一个鲜活的、温柔的女子，让人想靠近。

这位高管的困境不是个别的现象，我见过很多这样的女性，表面看上去她们独立、坚强，其实她们内心深处很孤独、很疲惫，情绪时时紧绷着，很难放松下来。当然也不是所有高管都面临这样的问题。

曾经，我就是这样的女性。情绪紧绷，是因为我的责任感让我必须把事情做好，精益求精。孤独，是因为我认为自己必须独立，不能麻烦他人。在这么多"必须"的束缚下，我把自己活成了一个只追求工作目标的"工具人"，忽视了自己的情感需要，不给自己放松和享受的机会，最终导致自己疲惫不堪。

也许当你遇到这类女性时，你会觉得她们很"硬"，不好亲近。当你真的了解她们背后的故事后，你会打破对她们的偏见，看到她们的真实和柔软。其实，她们只是在成长过程中，因为一些原因学会了独立背负和承担责任，也因此慢慢形成了一种行为模式。但越独立、越坚强的女性，越需要一份温柔的看见和爱护。

读初中时，我爸爸的公司破产，我从一个傲娇的"公主"，变成了落魄的女孩，差点连高中都上不了。因为家里缴不起学费，妈妈让我去舅舅家借钱。走到舅舅家门口，舅舅连门都没有让我进，冷冷地递过钱，对我说："这是我最后一次借你钱，以后你考上什么大学，有多大的出息，都跟我无关。以后不要再来找我借钱了。"

那一刻，我觉得很丢脸，低着头默默接过钱，不肯抬头说一句话，因为我不想让舅舅看见我的眼泪和我的崩溃。我在心里默默发誓：我长大后，一定会过得很好。我绝对不会再来求你们。

好不容易考上全市最好的高中，我以为生活会开始变得轻松一点。然而不幸的是，妈妈因为长期辛劳地工作，在一个半夜中风了，紧急送到医院后，经过抢救脱离了生命危险，却因为脑溢血引起了一部分脑神经损伤，右半边身体偏瘫了。那时候，姐姐刚参加工作，于是她把妈妈接到了她所在的城市照顾。我一个人留在家乡的高中继续完成学业。

能为我撑伞的人基本都倒了，从那时起，我就开始独自照顾自己，操心自己的衣食住行，这样的状态一直持续到我的大学生涯，甚至进入婚姻和工作后依然如此。我不太喜欢求助别人，想好了自己要什么，就埋头去做。不论过程多艰辛，我都会隐忍前行。

在这种无意识的行为模式和习惯中，我慢慢把自己活成了一座孤岛。我付出很多，却因为不善于表达自己的需求，而常常被他人忽视，所以我内心常常有委屈和不满。直到走进自己的内在成长世界，我才发现自己的委屈和不满并不是他人造成的，而是我自己的选择带来的。

从那以后，我开始学着改变自己，让自己既可以是坚强能干的妈妈，也可以是会哭会喊累的女人；是认真做事的职业经理人，也是会撒娇的女孩。在做了这些改变以后，我的生活一下子变得开阔和轻松了，我不再是机械做事的"工具人"，而是抬起头，能带着信任和开放的心态，去跟人互动和交流的正常人了。

朗达·拜恩在《秘密》这本书里说，你的磁场，决定了你周围的人和事。这话不假。当我不再紧绷，变得松弛和真实的时候，我在工作时开始放松下来。以前做项目，总感觉自己就像拖着一辆车在前进，觉得大家都只顾着自己的一亩三分地，不愿意配合我的工作。后来才发现，是我只关注事情本身，而没有和工作伙伴创建互相信任的工作关系，也没有及时和清晰地向工作伙伴说出我的需要。当我认为大家不愿意帮我后，我就更不会向他们表达自己的需求了。其实这个世界上的大部分人都是友善和温暖的。当我变得松弛起来后，我不再会给周围的人压力和不舒适感，周围的人也更愿意靠近和支持我了。

这样的经历让我在成为人生教练后更加坚信，当我们能支持客户调整自己的状态，进入一个松弛、自信、有勇气、有创造力和充满爱的频道时，她的问题往往会迎刃而解。

有时候，我们不需要他人教我们如何做事，而是需要有人引领我们做真实的自己,并突破一些局限。如果你也是一个坚强独立的女性,我想对你说:独立不是孤立,再坚强的人也需要依靠。如果感觉自己累了、无力了,那就歇一歇,找个人靠一靠,你值得被爱!

1.2 脆弱并非软弱，而是真实的勇气

作者：朱琼

脆弱在我前半生的词典里，是一个很陌生的词。生活的困苦，只教会了我坚强和勇敢。眼泪有什么用？哭，在你遇到困难的时候，是最没有用的东西。

这样的信念，一直伴随着我到30岁。直到我的婚姻走到最痛苦的那一刻，我才对脆弱有了新的认知。

生完两个孩子后，我的生活早已是一地鸡毛，我与老公被生活的柴米油盐折腾得没有了爱情。不管工作还是生活，我都是那个更喜欢扛事和想要成长突破的人，而我老公的性格比较"佛系"和随性，工作上没什么追求，也并不怎么操心生活中的琐事。时间长了，我对此有许多不满和抱怨，我们两人的关系也变

得越来越冷淡。

直到有一天,老公突然提出离婚。当他说出"离婚"两个字时,我非常震惊。但是我在他面前表现得还是很平静,我微仰着头,对他说:"没问题,离就离,我们来看看孩子的抚养权、房子和车子怎么分。"

神奇的事情就在这时候发生了。学过人生教练的我,突然在这个时刻感知到了自己的情绪和身体感受。我的脸和语气看起来是平静和淡定的,但是我明显感受到自己的内心压抑着很多东西。那一刻的我情绪有些复杂,最开始是震惊,很快就是恐惧和悲伤,我从没想到青梅竹马的我们,居然也会有要离婚的一天。而才在上海立足的我们,又将如何面对未来的生活,以及离婚后我该怎么面对和养育两个孩子?

第一次感受到自己这种"奇怪"的情绪,我在心里问自己:为什么我就不能做个真实的人呢?是怎样就怎样呗。当我想到"是怎样就怎样呗"的时候,我一直压抑着的情绪突然像溃堤的洪水,哗哗地倾泻出来了。我一边大哭一边嚎着:"我不想离婚,你不要离开我!"老公被我的哭声打动,居然在这个时候走过来,抱住了我,说:"我以为你不再需要我了呢。"

于是,原本要继续讨论离婚的事情,变成了讨论我们是如何走到今天这一步的,我们各自在婚姻里都做了什么,是什么让彼此不断远离。后来,我们又制定了一些行动方案来改善我们的婚姻状况。在这个过程中,我和老公学习到了很多经营好一段婚姻的方法。

每次与学员分享和在演讲中分享这个故事时，我总会用神奇的一刻来形容它。因为，在此之前我从来没有意识到表达自己脆弱的一面，在亲密关系里能有这么大的作用。而这次经历，也彻底打破了我"坚强"的盔甲，从那以后，不管是在工作中，还是在生活中，我都可以更真实地展现自己。并且我发现，在工作中真实地做自己，不仅可以更放松自在，也更容易与他人建立信任关系，能更加高效地推动合作和事情的发展。

后来，我在工作中经常看到大家倾向于呈现自己比较好的一面。担忧、紧张、怕自己做不好、怕麻烦别人……这些负面和不好的情绪状态，我们总想掩盖住，不想让别人看见自己脆弱的一面。因为我们害怕自己把脆弱的那一面展现出来后，别人可能就不会再喜欢我们了。

这样的想法源于我们的羞耻感。在我们的成长过程中，我们常常听到的教诲都是"不要哭！哭是懦弱的表现"，甚至会听到"再哭妈妈就不管你了"这种话。这样的否定和威胁，让我们在潜意识中建立了"哭是不好的"的想法，因为哭会向外人呈现自己的弱小，一旦他人发现你的弱小之处，你很可能会被批评、被抛弃，甚至不被爱。这种想法让我们很小就学会了强装坚强，也让我们学会了隔离那些让我们不舒服的情绪。

曾经有一个客户来找我寻求支持，因为她女儿经常在学校里突然情绪失控，躺在地上大喊大叫，他人根本无法与她沟通。学校请家长关注孩子的情绪，他们一家做了半年的心理咨询，孩子的情绪问题一直没有好转。有的心理咨询师告诉他们是因为他们跟自己的关系没有处理好，影响了孩子的情绪，但如何跟自己和解，他们始终不知道该如何做。

当客户跟我描述这些情况的时候，我能感受到她有多么痛苦，但当我看向她时，她很平静，脸上没有一丝表情，肩膀和身体也挺得很直。看到她的状态，我拿了一面镜子给她，说："我听到你在说一个让人很难过的话题，但你的神情和身体语言却在告诉我，你的状态很ok（好），你能承受和解决这些问题。"听到这些话，她没有回应，大概过了2秒，我看到她的肩膀和背放松了下来。她告诉我她确实很难受，也觉得自己对这些问题无能为力，她看了十几本心理学方面的书，也进行了心理咨询，但问题还是没有解决。

随后，我带领她走进她的内心世界，她看到自己内心的无能为力后，压抑许久的情绪在这个过程中一点点像剥洋葱一样被剥开，从无力感，到内心的害怕、恐惧和悲伤。当她连接到内心最深处的自己时，她恍然大悟。通过看到自己的不容易，她理解了女儿为什么会情绪失控。在他们家，她老公有一些焦虑，她又极度理性，导致孩子有很多不安、担忧和害怕的情绪，但孩子却无法在家里释放和表达这些情绪。内心长期的压抑让孩子在学校时不时地情绪失控。

当理性的她跟自己和解后，她才意识到自己给孩子的打压和对孩子的控制是多么不合理。于是当晚回到家后，她真诚地跟孩子道歉："对不起，妈妈过去一直没有真正理解你。妈妈不是个好妈妈，但妈妈是爱你的，只是我第一次做妈妈，我不知道如何做才能真正表达我对你的爱。你可以原谅妈妈吗？"

说完这段话，妈妈和孩子哭着相拥在一起，从此，这个家的氛围、家人之间的关系开始好转，孩子很快就能控制自己的情绪继续上学了，我跟这位客户也成了真挚的朋友，一直彼此互相支持。

在做人生教练的过程中，我遇到的这样的时刻还有很多。有的客户小心翼翼地告诉我他的梦想，并害羞地说，这是他第一次告诉别人自己的梦想。看着他诉说自己梦想时眼里闪烁的光芒，我就知道，这一刻，他拥抱了自己的梦想。

有的客户在亲密关系里一直很冷漠，夫妻间多年不交流，但在与我们对话后，她开始向另一半表达。妻子是这样说的：我很希望能离你近一点，但每次靠近你，我们之间都会发生冲突，彼此都不开心，我很忐忑和无措，不知道该怎么跟你在一起。于是我就逃避了，干脆去工作中找自信。当妻子说出自己内心想法的那一刻，我看见他们夫妻间结冰的关系开始松动和软化。

每次见证这样的时刻，我总是会被这样的真实和勇气深深地打动。脆弱并非软弱，直面自己内心的脆弱，才能让自己变得更加强大。当我们拥抱了脆弱的自己，接纳了自己的不完美，我们也就拥有了更完整的自己。

1.3 放下控制,一切都是OK的

作者:朱琼

个人经历和感悟

由于初中后家境变得贫寒,母亲又一直生病,从大学开始,我就要自己养活自己。经济的压力和不安全感,让我常常想要努力做一个好学生、好员工,这样我才会更有前途和有更多的回报,不用再过苦日子。

所以在刚步入职场时,我特别努力和认真,很想通过一个个项目来证明自己的价值,让领导看到我的才华,给我升职加薪。我一直抓紧时间埋头工作,搞定项目里的每一个细节,完全不关注外部合作者和参与者的情感和需求。我的眼里只有项目,在我看来,我们每个人都得努力让项目成功。

然而，一直追逐世俗意义上的成就，并没有让我获得我想要的幸福感，于是我开始走进人生教练的课堂，我想要更多地进行自我探索。学习人生教练后，我才意识到我把自己活成了一个"工具人"，我只为了目标而存在，很少关注自己的需要和情感，也不会关注周围人的需要和情感。完成目标的小鞭子，一边抽着我，让自己加油干，一边也抽着别人。

那一段时间，我很少真正放松，在家里，我也同样如此。孩子的吃喝拉撒玩我都会思虑周全，安排得井井有条。不仅考虑孩子的眼前，也考虑孩子的未来，我希望把每件事都掌控在自己手里。这样的工作和生活让我的内心很疲惫，压力无处发泄，于是我把不好的情绪都冲着最亲的人表达。那段时间，我在家里对老公呼来唤去，不停地抱怨指责他，责怪他为什么很多事情他不能主动去做，为什么他的眼里没活儿……

从掌控到信任的转变

走进人生教练的学习课堂，我有了更多的自我觉察能力，我开始能在一些场合察觉自己的控制欲，察觉自己的控制欲带来的紧张气氛和不舒适感。记得我在一家世界500强公司做人才发展项目时，老板让我零费用创建一个领导力项目，可用的资源是公司的整个HR（人力资源）团队，老板告诉我，那些工作经验已经很丰富的HR经理，都可以配合我的项目设计。

为了做好这个项目，我做足了准备。邀请整个HR团队开会沟通任务分工时，我做了几十页的PPT指导手册，分享经验。当我站在台前侃侃而谈时，我突然看到讲台下的人都在忙自己的事情，不是在用电脑回邮件，就是在用手机回信息。

这个发现让我意识到，我准备的东西可能不是大家真正想听的。于是我停了下来，问道：我发现大家对这些经验好像不是很感兴趣，那我们来调整一下。我想先请大家分享一下，你们对这个项目有什么想法？

于是大家开始热烈地讨论起来。有人说，项目的时间太短，让他压力很大，他希望项目不要太复杂，不要因这个项目增加自己的负担。有人说，他没做过这种项目，信心不足，希望我能多指导他……

听完大家的意见，我了解了大家的诉求，他们不需要我分享很多经验，而是需要知道怎么才能以最小的付出把自己负责的板块做好。于是我让每个人选择自己愿意负责的板块，并跟他们沟通了我们之间的合作模式和需求，就散会了。

后来项目进行得很顺利，因为大家在合作中建立了相互支持和舒适的关系。他们很信任我，也在项目报名招募环节和项目完成后的宣传工作中积极支持我的工作。

当年，这个项目拿到了公司的创新奖。老板在工作复盘时，对我的工作非常认可，他说，你最牛的不是把项目落地了，而是年纪轻轻的居然把这一帮资深HR经理管住了，让他们都愿意支持你。这一年，我没听到他们对你的任何抱怨。

听到老板的反馈，我特别庆幸自己在首次开会时觉察到了那群HR经理真正的需求。因为以前的我，如果在开会时发现没人听我讲话，我会以更严肃的方式提醒大家要认真听，并再次强调项目的意义和重要性。如果那个瞬间，我还是采用原来的工作模式，估计后面的工作会困难重重，谁想听我讲道理呢！

分享这个故事，我并不是想分享职场沟通的技能。因为在这次成功沟通的背后，其实是我自己心态的转变——从想要控制全局，到相信自己、相信他人。

控制，源于没有安全感。当我们真正相信一切都是ok的，我们就会给自己空间，也会给他人空间。他人在与你合作和相处时能感受到自己被信任、被支持，自然就会与你建立优质的合作关系。

放下你的控制欲，与当下的情境共舞。听外界的声音，听自己内心的声音，未来永远充满了无法预测的困难和变化，我们只要相信自己的创造力和本自具足，尽情做自己！

现在，我想把生活活成一次旅行，一次迪士尼乐园的奇妙之旅！

1.4 划清关系边界,摆脱过度承担

作者:杨海霞

我出生于20世纪80年代的乡村,家族庞大,因老一辈重男轻女,我们家备受整个家族的冷眼。家族活动,我只能站在角落,而我的堂哥和表哥则能参与其中。长辈们经常以我是女孩为由,剥夺我参与家族活动的权利。

尽管在这样的环境中长大,母亲仍不断鼓励我,她坚信读书能改变命运。为了赢得家族的认可,为了父母不再因我而受家族冷落,我从小就刻苦努力。这种争强好胜的性格不仅让我在学业上力争上游,也让我在工作中永不言败。然而,外表坚强刚毅的我,内心却异常脆弱。被人忽视时,我总觉得是因为自己不够好,如果自己不努力做好,就不配获得他人的支持

和鼓励。这样的心态让我对他人的好意总是充满怀疑，在工作中无法与他人建立真正的信任关系，在亲密关系里也总是患得患失。

这样的认知模式让我痛苦挣扎了40年，身心俱疲。我渴望打破这种束缚，重新找回内心的平静与自信。我深知，真正的强大并非来自外界的评价和认可，而是源于内心的坚定与勇敢。我希望能够重新审视自己和外界的关系，接纳并善待自己，让生活变得更加美好。

心理学家阿德勒说过，人与人之间所有的烦恼都来自课题混淆。事实上，人生只有三件事：自己的事、他人的事和老天爷的事。对于自己的事，全力以赴。对于他人的事，交还他人。对于老天爷的事，交给老天爷。每一个人都有自己的课题，我们不必承担他人的人生责任，我们只需要为自己的人生负责。

但有时候，这些道理要在我们长大后，经历很多事情之后才能真正明白！

小时候，我们总被教育要有责任感，要勇于承担，因为在传统的社会观念中，这是积极向上的品质。然而，对责任的过度承担往往会让我们不堪重负，甚至会影响我们的心理健康。

我因为先天性疾病，在初三之前，几乎每一年都需要去医院做一次手术，作为家里的长女，相比妹妹，我受到了父母更多的关爱和照顾。但我内心充满了愧疚感，总觉得自己拖累了父母，我暗暗下定决心，长大后要成为家里的顶梁柱，这种观念一直伴随着我的成长。结婚时，我告诉我老公，娶我需要和我一起承担很多，因为我是家里的支柱，爸爸妈妈的日常事务、妹妹的生活和工作，都是我非常关注的事项。对于父母和亲人，我有着强烈的责任感。在我的观念里，只有承担全部的责任，才能让自己没那么愧疚，但过度承担责任，让我每天像扛着一座大山，只能艰难地匍匐前行，而这种压力也时常让我情绪失控，成为一个"炸弹"！但我一直不敢告诉父母，因为我内心有很多声音：

怕别人说我不孝……

怕妈妈难过……

怕妈妈哭着说我长大了就变了……

怕自我评判的声音……

当我发现这些声音是来自自己过多的责任感时，我不再无意识地受其指挥。我开始尝试跟父母沟通，去真正关心他们在意的事情，跟他们交流他们对晚年生活的期待。出乎意料的是，妈妈跟我说，其实他们两个人在乡下过得很舒适，不需要我总是寄那么多东西给他们，我们定期带小孩去看看他们就好，他们在意的是我是否幸福和健康。在经过多次沟通之后，我发现"责任感"这座大山，不再压着我，它变成一根牵挂着爱的红绳，让我和父母都过得更加自由和幸福。

我把这样的思考模式也带到了工作中，以前我总是会用尽方法推动我的下属进步，总是觉得他们的成长是我的责任。这些年我还一直以此为傲，为自己帮助很多人的成长而开心，虽然背负下属的成长让我压力很大，但因为我觉得这是我的责任，所以我仍坚持着这样的想法和做法。直到有一个下属向我提出离职申请，原因是他觉得跟我一起工作压力太大了。在离职访谈时，他说自己的成长速度是拖拉机，而我希望他是法拉利，所以他跑不动了，他想要按照自己的意愿而活，不想为我而努力。当时听到这些，我内心特别受触动，还伴随着难过和失落。我觉得自己的好意没有被人接受。但是这一次对话就像一个暂停键，让我暂停下来反思，我发现这种对他人成长的期待是我自己的需求，而这种过度承担也是我内心的投射，我把他人的人生和成长放到我的背上，是想要证明自己存在的价值，满足自己内心的安全感！

过度承担，有时候也是过度地控制他人！当我跟下属划清各自的工作责任，明确区分自己能够控制和承担的责任范围，了解自己的底线后，我和下属建立了清晰的边界。我避免过多地承担他人的问题和责任，也不再用自己的标准去改变他人，边界感清晰，才会省去很多不必要的纠结和麻烦。在一次调研中，下属反馈现在的我带给他们的是自由和信任，这份信任让他们有自驱力去完成各种工作，我们团队很少开会和反思，但大家的绩效反而都很卓越，这也源于我更清晰地认识到，边界感清晰是一个领导必须具备的能力。

曾经有一个客户跟我分享了他的困扰。他的亲戚去投奔他，他暂时的收留导致了后来矛盾的发生。那个亲戚长期被他照顾，已经习惯了，当他要结婚，提出让亲戚搬出去住时，对方居然要求他帮忙租房子。他一边为自己委屈，一边也在反思自己的过度承担、过度负责，导致两人的边界感过于模糊。长期过度承担他人的责任，会令对方把自己的付出当成理所当然，一旦自己达不到对方的要求，便会招来对方的指责。

这位客户的经历很好地说明了与人相处时，过度承担他人的责任和边界感模糊可能带来的问题。当我们在人际关系中过度承担他人的责任时，不仅可能让自己感到疲惫和委屈，还可能让对方习惯和依赖我们的付出，将我们的帮助视为理所当然。当这种依赖成为习惯，一旦我们无法满足对方的需求，就可能会引来对方的指责。

这种情况在家庭中也很常见。以前在家里，我总觉得老公照顾孩子、做家务都不如我做得好，出差时会一直担心他是否照顾好了孩子，这样的担心除了内耗并无他用，反而会让老公觉得照顾孩子理应是我的责任！当我内心认定家务和孩子，老公都需要负一半责任时，我开始建立自己的原则和底线，会考虑自己的需求和感受，再也不委屈自己。在孩子的问题上，老公开始担负更多，给老二洗澡、哄老二睡觉，陪老大打球、做游戏，这样的陪伴不仅让父子关系变得更融洽，也让老公体会到了更多做父亲的快乐，我也变得更轻松和自在。

有时候，我们会因为对家人的爱和关心而过度承担对方的责任，但这样可能会让家人失去独立解决问题的能力，甚至可能让他们对我们的付出产生依赖。当我们无法满足他们的需求时，他们可能会感到失望和不满，而这往往会让我们内疚，从而让我们背负更多的压力。

因此，学会在人际关系中划清清晰的边界是非常重要的。我们需要明确自己的责任和能力范围，学会在适当的时候说"不"。同时，我们也需要尊重他人的独立性和自主性，鼓励他们承担自己的责任。这样不仅能让我们更加轻松和自在，也能让人际关系更加健康和和谐。

过度承担他人的责任和边界感模糊并不是我们的错,这些行为往往源于我们对他人的关心和爱。然而,为了保护自己和让他人健康和幸福,我们需要学会在关爱他人的同时,也关注自己的需求和感受。这样,我们才能真正实现健康和谐的人际关系。

摆脱过度承担,划清人际关系的边界,在取悦这个世界之前,先学会取悦自己,你的人生没有必要为他人而活。余生,我们最不该辜负的人,就是自己!

这不叫孝顺　而是越界

孝顺,是一种美好的品质,但有时候孝顺却成了一种压力,甚至越过了应有的边界。

我的童年基本在病房中度过,亲身感受了父母生活的不易,加上被重男轻女的思维洗脑,让我对父母充满了愧疚。如果我是个健康的孩子,父母的生活就不用如此艰难;如果我是男孩,父母就不用如此委屈。这样的声音一直伴随着我的成长,我内心暗暗发誓,长大后一定要让父母以我为傲,我要好好孝顺父母。

当我开始工作后,我就把大部分工资交给父母,我常常思考可以让父母开心的方式,比如,给父母买很多东西,让他们在乡下的生活可以更加舒适。我努力成为我自己设想中的好女儿,拼命给自己提要求,就怕父母不高兴。似乎我不努力就不配成为我父母的女儿,这种想法让我一直在向外寻求认可,想用做孝顺女儿来证明我值得被爱！

这样的行为看似孝顺，实则越界。那些现代化的设备，在乡下成了摆设！而我自己也身心疲惫，内心积压了很多委屈的情绪。其实孝顺不是盲从、不是物质，而是一种理性的关爱，在尊重和照顾父母的同时，我们更要照顾好自己的真实感受。

曾经有位客户告诉我，回家过节成了她最大的恐惧。作为一个"30+"的女性，每次回家，她都面临父母催婚的压力。为了逃避这种情况，她逐渐减少了与父母的联系，甚至不再回家。我问她为何如此恐惧父母催婚，她回答说，这件事让她深感内疚，觉得自己让父母失望了。

她回忆说，小时候，她一直是个懂事的孩子，遵循父母的教导，努力成为好学生、好女儿。长大后，她认为这就是孝顺。父母希望她毕业后回家乡工作，于是她放弃了在大城市工作的机会，回到了小城市，成为大家眼中的孝顺女儿。现在父母和她虽然在一个城市，物理距离很近，心理距离却很远。她内心对父母有抱怨、有恐惧、有内疚，这些情绪的累积让她不太愿意跟父母说话。可她的父母以为是她工作压力过大，还特意到她的身边照顾她的生活起居。她和父母的关系因为孝顺和爱被深深地缠绕在一起，他们在彼此身上寻找自我的存在感，似乎没有另一方就会失去生活在这个世界的意义！

这种向外寻求的认可和存在感，是内心的"不配得感"，它让我们无法独立。真正的孝顺是尊重父母和自己的独立性，让父母和自己都能活出自己想要的人生；真正对子女的爱是适当的关爱和支持，而不是干预他们正常的生活和习惯。

爱与越界之间其实只隔着一颗心，这颗心需要我们用心去倾听、去理解、去尊重，只有这样我们才能在与父母的相处中找回那份最真挚的爱！

不管是父母还是子女，我们都是作为一个独立个体存在的，尊重彼此，才能跨越界限，找回真正的孝顺和关爱。

活出自己的精彩

我的一个客户是典型的孝顺儿子，从小到大，他的生活目标仿佛都是为了取悦父母。他选择了父母期望的大学和专业，放弃了自己热爱的艺术；他放弃与朋友们的旅行计划，只为了能够在家陪伴父母。在他的心中，让父母开心是他的责任，是他存在的意义。他妈妈总是跟别人夸他，说他孝顺又听话，在外人眼里，他是孝顺儿子的模板，周围的邻居都说，这个"夹克衫"比"小棉袄"贴心，但他并不快乐。他曾跟我探讨：这样的生活真的是他想要的吗？他的内心充满了挣扎和痛苦。在家里，他越来越少跟父母沟通，常常一个人闷闷不乐地在房间里玩游戏。

我问他，如果不按照父母的意愿生活，他想过什么样的生活？

他思考了很久说，从他记事起，他就觉得自己的父母很优秀（母亲是医生，父亲是老师），所以作为他们的儿子，他不敢不优秀，他怕让父母丢脸，所以他总是努力保持好孩子的形象。当他想要学艺术时，他父亲跟他说，学艺术很难养活自己，考公务员才能让他过上更好的生活，为了让父亲安心，他选择了顺从，虽然最后考上了，但是他工作得并不开心。从小到大养成的顺从他人的模式，让他在工作中也从不拒绝领导和同事的要求。他是领导眼里的好员工、同事嘴里的好同事，但是他自己的内心非常纠结，他觉得他的价值都来自外在的肯定和认可，他不知道自己要什么。

很多"80后"像他一样，似乎从小就被告知要孝顺父母，要尊敬长辈，要为家族争光。在这样的教育下，他们学会了放弃自己的兴趣和愿望，只为了满足父母的期望。他们选择了父母认为有前途的专业，放弃了自己真正热爱的事业；他们按照父母的意愿安排生活，却忽略了自己内心的声音。他们以为，只有这样，他们才能成为父母眼中的好孩子，才能赢得父母的赞许和笑容。

但是，这样的生活真的能让人快乐吗？他们真的能在这个过程中找到自我价值和成就感吗？这些问题的答案往往是否定的。当他们长大了，他们知道自己的人生不应该只是围绕着取悦父母而转，而应该有自己的梦想、有自己的追求、有权利去探索和实现自己的价值，但成长过程中的顺从模式总是在无形中影响着他们。

我鼓励客户突破自己，在一次春节聚会上，他向父母坦陈了自己的感受，他说："我一直试图让你们开心，成长过程中从未反抗过你们的任何决定。但是这样的我不快乐，我以为顺从你们能让你们开心快乐，但这样的我并不开心。"

他的父母非常震惊，可能他们也从未见过这样"勇于自我表达"的儿子，当他们冷静下来后，他们表示自己从未想过要让儿子取悦他们。他们只是想用自己的经验为儿子选择一条安全幸福的道路，但他们不知道这份爱给儿子带来了如此大的压力！

那次的沟通，让客户突破了自己，他决定做出改变，他开始在业余时间学习艺术，参加画展，并开始尝试创作自己的作品。他的生活开始有了新的色彩，他的笑容也更加灿烂。他发现，当他开始追求自己的幸福时，他的父母也会为他感到骄傲。

活出自己的精彩，成为一个独立、自信、幸福的人。当你做到了这一点，你会发现你的父母也会因为你的成长和成功而感到自豪和开心。而这份开心，才是最持久的。

1.5 重养自己，治愈缺失的童年

作者：杨海霞

初二那年，由于家庭变故，父母不得不外出打工，留下我和奶奶一起生活。从那时起，独立和勇敢成为我的标签。大学报到的第一天，别人都是父母接送，而我却只能一个人拖着行李箱来到陌生的城市准备开学事宜。

工作后，我才意识到外表坚强的我，其实内心非常渴望与父母生活在一起。生完老大后的几年，我主动邀请父母来我工作的城市与我同住，帮我照顾孩子。但更重要的是我想填补内心缺失的那份亲情。然而，随着时间的推移，我们之间因为生活习惯和观念的差异产生了摩擦，我意识到自己应该尊重他们的选择,让他们回到熟悉的环境中生活。尽管我害怕再次失去这份亲情,但为了父母的幸福,我选择送他们回老家。但我知道我内心对爱的缺失会一直伴随着我。

一个人可能穷其一生都在修补他在童年时代受到的创伤。我要跟父母生活在一起的执念源于童年与父母分离的经历,长大后的自己一直在寻找一种方法填补自己内心对爱的渴求。

有人说,幸福的人一生被童年治愈,而不幸的人用一生治愈童年。承载我们成长的原生家庭就像一幢房子,父母的爱就是一砖一瓦,如果爱足够丰盈,它就是一间温暖的小屋,庇佑我们快乐地长大。如果缺失爱,它就像一间破败的寒室,四处漏风,让我们过早地经历风雨。

在我的成长环境中,那些重男轻女的观念,一夜之间突然发生的家庭变故,父母不得不外出打工的辛酸,无法与父母生活在一起的无奈,虽然这些都不是父母的本意,但小时候的自己感受到的是不被关注、恐惧、被遗弃,这些经历影响着我跟外界的联系和对外界的认知。通常我们用独立和坚强去掩盖内心的这些情绪,但这些情绪一直都在我们身体里存在着。表面上我是一个非常外向的人,善于交际,总是被朋友和爱我的人包围。但事实上,我非常害怕孤独,我很难自己一个人待着,很容易流泪。在我的成长过程中,我一直在追求爱与安全感,既渴望一段有爱的关系,又不敢相信这种关系。

"内在小孩"的缺失,我们如何弥补?

1. 主动表达爱

以前的我不敢随意表达感情,现在我会时常跟老公和孩子表达我对他们的爱。在他们上班上学前拥抱他们,时不时给他们和自己买礼物,爱自己也爱家人。

2. 接纳自己的不完美

以前我总觉得自己要坚强,不可以袒露不好的情绪。在我开始愿意接受自己的不足和缺点时,我便开始接纳自己的情绪和情感了。我知道没有完美的人,不管我如何努力,我依然会有不如别人的地方,所以接纳真实的自己,允许自己就是这个样子,也允许自己去努力改变或不改变。

3. 勇于展示脆弱

在《无所畏惧:颠覆你内心的脆弱》这本书中,作者写道:我们越是愿意承认内心的脆弱,正视脆弱,我们就会越勇敢,生活目标也会越明确。在亲密关系中,展示脆弱是给他人提供一个梯子,让他们有机会伸出手帮助你,提升他们在这段关系中的参与感。"会哭的孩子有奶吃""撒娇女人最好命",这些俗语都告诉我们,懂得展露脆弱,接受别人的帮助,在物质和心理上展示对他人有需求这件事的重要性。

我们不必追求完美，要看见自己内心缺失的部分，接纳自己的不完美，每天肯定和认可自己，降低对自己的期待，做自己的主人，集中力量让自己成长，好好爱自己。原生家庭只是我们一生的起点，当你用力向前奔跑时，起点必将被你甩在身后，父母给予我们生命，是我们一生的开始；如何获得幸福，是我们不断为之努力的方向。就如有人说的，好的人生是一个过程，而不是一个状态，是一个方向，而不是终点。

愿我们都能走出自己的"小村庄"，学着做自己的英雄。

停止自我否定，学会自我认可

自我否定的人生模式中总是会经历高标准和严要求。在我的成长过程中，因为总是被人比较，所以从小我被要求成为一个优秀的孩子，事事都不可以落后。这样的思维模式让我一直关注自己的缺点，总想让自己成为一个完美的人。我很少看见自己的优势，总是否定自己，觉得自己还不够好。长大后，我才意识到，这样的自我否定会让日子过得非常撕扯和内耗！

现实生活中，很多习惯自我否定的人，要不变得懦弱和胆怯，要不就变得叛逆和自我。因为否定自我的表现，要不就是"隐身"在人群中，让大家看不见自己，待在自己的舒适区；要不就是疯狂想证明自己，不肯示弱，用外在的价值证明自己的存在是有意义的，而我就是后者！

我记得大二时，我剃平头，打扮得像个假小子，内心总是很愤怒，似乎想告诉这个世界，我可以自己掌控自己的人生，我不想成为世俗的样子。我不断自我否定，又不断去证明自己的不一样，这种撕扯让我非常内耗。那时候我遇见了我现在的老公，他不在乎别人的声音，与我成为男女朋友，还把我带回家去见他的父母。他说，我的存在本身就值得被爱，我不需要证明自己。这份无条件的认可，让我慢慢找回了自己的价值，我开始认真思考自己的价值和兴趣，不再跟内心深处的声音纠缠。

工作后，有一次老板安排了一个重要的项目给我，因为时间紧、任务重，那个自我否定的身影，又像一个批评家一样出现在我面前。我开始怀疑自己是否可以承担这个重任，这样的怀疑阻碍着我的行动，项目没有进度，团队的成员开始对我有怨言。我主动找老板沟通，想退出那个项目，老板当时问了我一句话，让我至今记忆深刻。他问我："你怎么定义自己的成功和价值？"

老板的话让我意识到自我否定往往源于对自我价值的误解。我将自己的价值与外在的成就和社会地位挂钩，而忽视了自己内在的品质和个性。我们每个人都是独一无二的存在，每个人都有自己的价值和闪光点。我们的价值不应该由他人来定义，也不应该由外在的标准来衡量。

当我开始清晰地定义自己的价值时，我不再害怕和担忧。我重新站在项目的宏观角度去思考方案，不再陷入内耗和自我怀疑，最后项目很成功，我也获得了团队的认可。

要停止自我否定，就需要先接纳真实的自己，需要倾听内心的声音。当你发现自己在否定自己时，请给自己一个信号，停下来，深呼吸，然后用更加积极和温柔的语言来替换内心那些负面的话语。你可以对自己说："我今天做得很好，我值得被爱。"或者"我有自己的优点和长处，我不需要和别人比较。"

学会自我认可，意味着我们需要接受自己的不完美。没有人是完美的，每个人都有自己的缺点和不足。我们需要将这些缺点和不足看作我们自身个性的一部分，而不能只盯着它们，认为自己整个人都是失败的。我们可以尝试将注意力从自己的缺点转移到自己的优点上，例如可以每天列出自己的三个优点或者当天做得好的三件事，以此来提醒自己，我们是有价值的，我们是非常优秀的。

自我认可也意味着我们需要为自己的幸福负责。我们不能依赖他人的赞美和认可来获得幸福，我们需要找到内在的满足感。

你不需要成为最好的，你只需要成为最真实的自己。停止自我否定，学会自我认可，让内在的光芒照亮你的人生之路。

1.6 高自尊的背后是一颗"玻璃心"

作者：刘夏

当我们谈论一个女性拥有高自尊的时候，通常容易引来很多人羡慕的目光，因为太多女性被"我不配""我不够好"等思想影响，所以低自尊常常会被我们关注。但其实高自尊里也有一个陷阱需要我们关注，不健康的高自尊表面看起来很强大，但其实它的背后是害怕和恐惧，害怕自己不够好、害怕失败、害怕被否定、害怕被伤害。它不像我们表面展示出来的那么强大，更像是一种自我保护，外表越是坚强，内在越是脆弱。

这个情况在像我一样的好学生身上最常见。我在一个农村的大家族长大，和很多亲戚生活在一个村子里，而我自己家里，兄弟姐妹也有4个，尽管兄弟姐妹比较多，我却几乎从来没有感到过物质和精神的匮乏，爸妈总是倾尽自己的全力给我们最好的物质条件和精神财富。从上小学开始他们就想尽办法把我们都送到镇上而不是村里的小学，我们也都很争气，当然，毫不谦虚地说，我的表现最为突出。小学时，我成绩不是最好的，但我是班长，后来成了少先队大队长，学校的各种文艺活动我也都参加，还是晚会主持人、优秀毕业生代表。几乎学校里所有的老师都认识我，你能想到的校园里的各种露脸的事，几乎都有我。因此，在大家族的聚会里，大人们常常会拿我来教育其他的孩子。

我因为这份表现受到了太多的关注和赞美，作为孩子的我并没有想太多，只是觉得大家都认为我很优秀，那我就要一直这样优秀下去，这仿佛成了一种惯性。

高中时，我成绩也很好，一度在高考前夕考出全年级第三名的成绩。记忆中老师们都特别宠我，尤其是高考前，数学老师在每次考试完后都会单独给我分析试卷，班主任常常带我到她的宿舍改善伙食，校党委书记也特别喜欢我，高考志愿是他亲自帮我研究了几天定下来的。

优秀已经成为一种习惯，而享受因为优秀带来的额外"福利"也渐渐成了一种理所当然。在家里，我总认为自己是享有某种可以获得偏爱的特权的。我做作业的时候，其他人都不可以发出声音，我洗澡的时候，其他人都不能用热水，如此种种自私的行为也得到了父母的默许。

整个成长过程给了我高于很多人的配得感，"我值得"是我人生字典最重要的一个词。这份高配得感让我形成了一个深深的信念：我本来就是优秀的，我只能是优秀的，优秀的人应该被偏爱，也应该有权去要求被偏爱。这把我塑造成了一个自信、独立、敢想敢要的人，让我在后来的工作里，总能过关斩将，以最快的速度在众人中脱颖而出。

然而这个信念也不是一直奏效的。我后来在工作中遇到的瓶颈，在婚姻中遇到挑战也都是因为它。我的人生教练带着我看到了它的另一面，我是优秀的且应该被偏爱的信念，是一种过高自尊的表现，它让我不能输、不认输，活得像个傲娇的小公主，也让我的眼里只有自己的目标和需求，看不见别人的需要。

有次翻看日记，初中的某一学期，老师让我把团支书这个职位让给我的一个朋友，我嘴上说着好，心里却是五味杂陈，在自己的日记本上写了满满一页"我不是团支书了"。这大概是我最早的高自尊被"打击"的经历了，那么幼稚又那么真实。

成年后，我再一次被"打击"是在亲密关系中。傲娇如我，在亲密关系里时常表现出恃宠而骄而不自知。比如，我从不主动说需求，而是希望对方能懂自己，并且要以我喜欢的方式来回应，做到"1"我会要求"2"，做到"2"就会要求"3"，而如果他做不到，我就会质疑他不够爱我，接着就用吵架、抱怨、指责来表达我的不满，这种情况不断上演着。久而久之，我的亲密关系陷入了困局。

我鼓足勇气把这个话题带到了人生教练的对话中，需要勇气是因为我并不想承认自己也有搞不定的事。尽管我很想解决这个问题，但仍然很难坦然地面对自己也有做不到的事情这件事，因此人生教练对话进展并不如意,直到有一次,在我与人生教练对话时,我想要"逃离",人生教练"抓"住我,然后照镜子般地反馈说:"我感觉聊到这里你又想溜走,想带我远离需要探索的这个部分,你在逃什么?"

听完这句话,我突然就愣住了,好几秒之后,我说:"是的,当你问我这个问题的时候,我也在问自己逃什么。我好像突然意识到,在这段亲密关系里,我一直在测试另一半。每当我们关系好一点的时候,我就会去'作'一下,我只想看看他到底爱不爱我,如果他爱我,不管我怎么'作',他都不会离开我。"

每个硬币都有两面,危机里除了危险还有机遇。我感受到自己不一样的力量萌生出来了。

"我想要他爱我,却以一种推开对方的方式表达,原来我是在害怕他不爱我。好像不只在亲密关系里,在所有的人际关系里,我似乎都在担心自己被人拒绝,而这份担心背后竟然是因为害怕我不够好而被他们拒绝,与其被拒绝那不如我先发制人,这样我就不需要面对这种糟糕的感觉了。"

人生教练不失时机地"推"了我一把,说:"如果你可以为这段关系带来一点改变,那会是什么?"

我思考了好一会,说:"也许,我可以勇敢一点、主动一点。"

"看见"是改变的开始,也许在这个过程中自己会受到伤害。但我还是选择直面它,相信越过山丘,我就会遇到更勇敢、更强大的自己。

我开始笨拙而艰难地尝试展示自己的脆弱,接纳自己消极的感受,去体验否认带来的愤怒,不被关注带来的失落,拒绝带来的挫败。开始跟老公撒娇,尽管一开始几乎说不出口,从空洞的"你真棒"到"老公,需要的时候你都在,真好"。老公也从诧异到惊喜到享受。我开始在亲密关系中直接表达自己的感受,而不在意这样自己是不是就显得没面子了;学着直接说出自己的需求,而不去过多地想对方如果拒绝了会怎么样;当我搞不定的时候,直接向他人求助,不去想这样是不是代表自己不行;如此种种改变,我坚持了几个月。

一个人要改变自己并没有那么容易,所以我给自己建立了一个正反馈的系统,每一次尝试,哪怕只是一点小小的改变,我都要庆祝。一位巴西作家曾说,"当你下定决心去完成一件事情,整个世界都会联合起来帮助你。"神奇的事情发生了,周围的很多人都开始鼓励我,为我点赞,一个小小的支持系统竟然就这样悄然形成了。

这段小小的旅程让我仿佛在风暴中穿越,我从一个傲娇的小公主变成了"可咸可甜"的女王。现在,我感觉自己很自由,不是时间的自由,而是精神的自由。原生家庭是一份宝贵的礼物,我珍惜成长过程中养成的自信与独立,也接受它带来的脆弱,我放下好学生必须有的优秀,也放下优秀才能被偏爱的想法,不带恐惧和执念生活,这种感觉真不错。

罗曼·罗兰说,世界上只有一种英雄主义,那就是在认清生活的本质后,仍然热爱生活。是的,我们依然是好学生,但我们能坦然地对自己说:"Welcome to the real world."也许我们还是偶尔会放不下自己的"高自尊",但我们可以选择更勇敢一点,接纳自己的不完美,去旷野中奔跑,也许还是会受伤,还是会被拒绝、被否定,但我们已经拥有了勇气,去爱、去拥抱,做真实的自己。

1.7 保持人前光鲜，却失去了更多

作者：刘夏

当我们说光鲜的时候，一方面指一个人的穿着打扮得体，另一方面指我们希望一个人对外界呈现和保持良好的形象。我们不能一概而论地认为维持光鲜就是一件坏事。在某种程度上，这也是一种自我提升和追求更好生活的表现。关键在于我们如何找到平衡，既能在人前保持得体的形象，又能不失去真实的自我。这一点，对于"好学生"来说，实在是一个不小的挑战，是否能有足够的自我认知和智慧，去分辨什么是真正重要的，什么是可以放下的。

接下来我要跟大家分享三个故事。其中两个故事的主人公，他们与我有着相似的经历，孩提时代总是被鲜花和掌声环绕，然而，随着他们成年，却不得不

面对由高自尊带来的挑战。

越想证明"我是专业的",越得不到外界的认可

这是我一个客户的故事。曾经她参加一个公司的人才项目选拔,有一个公开演讲,演讲结束后现场的评委会给予选手反馈,那天她确实发挥失常了,但当主持人问到她对自己的看法时,她感觉挺良好的。当时我也在现场,着实为她这种过度自信捏了一把汗。她的这种过度自信让在场的评委一下陷入了两难的境地,如果认同她夸自己的部分,似乎有失公允;如果直接给她不好的评语,显然她也不一定会认同;最终评委以一种相对平和的语气给了她建设性的意见和反馈,但显然,她没有听进去,在现场反复强调自己是专业的,自己的方案是花了很长时间研究了一些大厂实践和相关理论后得出的。作为一个外部顾问,我看得出她的这个方案是有一定专业性的,但不太符合她当下公司的情况,专业最终是要服务于现实的,我们有时候会陷入为了体现专业而专业的误区。这种情况可想而知,最终她的评分很低。

事后,她跟主持人表达"这些所谓的评委根本就不专业"时,你可以想象后来发生了什么,她没有进入这个人才项目,跟公司的重点项目失之交臂。她带着愤怒、沮丧和我对话,我听完她的描述,感受完她的情绪,我问她:"当你说他们不专业的时候,你真正想对他们表达的是什么?"她说:"我想表达我是专业的,你们没看到。"

是的,"我是专业的"很重要,但是当我们把所有的注意力都放在这一个点的时候,就看不见更多的东西了,也就失去了成长的机会。

想证明"我能行"的时候,便失去了贵人相助的可能

这是一个关于羞于求助的故事。我的一个朋友其实挺有贵人缘的,尤其是在他晋升到公司中层之后,有一个他曾经的上级特别热心,想给他一些建议,希望能帮助他更上一层楼。他们一起聊了当下的情况,盘点了重要的工作,甚至还有这些工作具体实现的路径,我的朋友觉得特别有底气,充满了干劲。这个上级还跟我的朋友说如果遇到不确定的问题可以先来找他,他会帮忙出谋划策。按说,这算是遇到伯乐了,人到中年竟然还有人愿意手把手教,这是多么幸运的事情啊。刚开始的时候,他会发一些工作进展给这个上级,对方都会给他一些建议,慢慢地,他就不怎么发了,后来再问他,结果竟然是他们已经不再联系了。

我问他为什么不继续给对方发送工作进展了,他说:"每次发的时候,都会收到一些反馈和建议,总让我觉得自己不太行。为什么我就想不到他想的那些点呢?如果我一直这样,是不是他会觉得我其实并不行,少说一点可能更好。"其实他不止一次这样,在后来的几年里,他也总是在遇到贵人和失去贵人的模式里循环着。

是的,"我能行"很重要,但是它却像一个按钮,一旦触发就会自动把外界的建议和反馈都看成一种否定;又像一个保护罩,把

自己跟外界隔绝，不让自己受到伤害，于是便失去了贵人相助的可能。

想保持"完美人设"，得到的却只有距离感和孤独感

这个故事发生在我自己身上。相信大家都一样，从朋友变闺蜜是需要时间的。而我自己，在这个事情上似乎总要花更长的时间。两年前，我跟现在的闺蜜团还只是普通朋友的时候，有一次我们在一个茶室，环境特别让人舒服，我们几个人一人抱着一个抱枕，半仰躺在榻榻米上。有两个人在疯狂吐槽自己的老公，其中一个聊着聊着已经泪如雨下了，我静静地听，时不时提问，有时会忍不住一起骂，还会出点"馊主意"，就这样我们聊了三个多小时。突然，她们问我："哎，你跟你老公咋样？"我突然愣了一下，内心飞快地闪过一个念头：我并不想让她们知道我的婚姻生活状况，工作都能搞定，婚姻生活还有什么搞不定的，我可是完美女人。于是我回答："我们嘛，挺好的呀。"话题突然就结束了，气氛有那么一点尴尬。

后来，这个小团体里的那两个人再没怎么和我约会聊天了。偶然的一次，那个小团体里的其中一个人跟我说："你知道吗，她们都说你很'装'。"

如当头一棒，我不禁发现，好像在所有的朋友关系里，我都是一个形象，一个开导者、拯救者的角色。我很少以"受害者"的身份出现，很少因为自己的烦心事跟闺蜜吐槽或者寻求她们的安慰和

帮助，我总是那个给予帮助的人，几乎不需要被帮助。在每段关系里我都在刻意塑造和维护自己完美的形象，我是工作上的女强人，生活中的好老婆、好妈妈，一个什么都懂的好朋友。结果就是，与看起来完美的我在一起，朋友觉得我不真实，于是有的人离我而去。在几次教练课堂里，当深度"链接"到自己的时候，一个想法就会在我心里冒出来——"为什么我没法跟人建立深度链接"。当一点点去觉察的时候，我发现，是因为我想要展现一个完美的自己。

是的，"我是完美的"很重要，但没有人是完美的，只有接纳自己的不完美，才有可能接纳别人的不完美，我们才可能与人产生深度链接，从此不再孤独。

You are nobody or you are somebody. 在人生这场无限游戏中，重要的不是我们一定是谁，重要的是我们可以成为谁。

放弃一些执念，放下一些坚持，让可能性发生。"一念花开，一念花落"让生命拥有更多的弹性，不要太过追求所谓的光鲜，拥抱更多的可能性。下一刻会怎么样，走着瞧。

1.8 "不要脸"之后,反而更有力量了

作者:刘夏

"要脸"就像一把双刃剑,它促使人们不断突破,不断前行,但也同时会给人带来一些负担,阻碍人变得更好。这一点在好学生身上尤为明显,他们习惯了自己应该站在聚光灯下,成为众人的焦点,所以异常害怕。一旦表现不佳,他们就可能失去这种优越感,进而遭受他人的嘲笑和轻视。因此,对他们来说,"要脸"尤为重要。

这种"要脸"的心态,实际上是一种深层的羞耻感在作祟。他们害怕自己不够好,害怕自己无法满足自己和他人的期望。所以,在面对挑战时他们可能会犹豫不决,担心失败会暴露自己的不足。他们太在意胜负,太在意关系,太在意别人的评价,以至于不敢

表达、不敢沟通、不敢开始。他们宁愿躲在自己的舒适圈里，也不敢勇敢地迈出一步去尝试新的事物。

当机会来临时，他们可能会因为害怕失败而犹豫不决，最终眼睁睁地看着机会溜走。然后，他们可能会用"我只是没准备好"这样的借口来安慰自己；就像上学时看着其他同学答对了题，自己却不会做时的自我安慰："这题谁不会？只是我不想答。"实际上，他们内心深处清楚自己是因为害怕答错而选择了逃避，故作潇洒的背后充满了遗憾和不甘。

好学生们的"要脸"，看起来是不在乎，实际上是一种自我保护。

我曾经也是这样，这是我学习人生教练课程的故事。一开始学习我就准备给自己贴上"学霸""人生赢家"的标签，课堂上我提问非常活跃，一部分是真的好奇，一部分是想立好自己的"人设"。课程的第一个练习，跟我同组的伙伴就说了一些涉及个人隐私的话题，着实把我吓了一跳；后面的练习，很多人都把自己的难题抛了出来，许多是关于家庭关系、亲密关系的问题。我在练习中抛出来的一直是职业发展方面的问题，而且都是带着答案的问题，无论谁与我对话，我的答案都是一样的；在之后的练习里，当需要做人生教练的时候，我倾向于对着书本走一次流程，因为这样最不容易出错；当需要做客户的时候，我就抛出一个类似的问题和已经准备好的答案。所以整个初级课程上完，我还懵懵懂懂，想想可不是吗，有保留的学习，怎么可能得到100%的成果呢？

两天下来，同学们几乎都有一个结论：这个人简直就是学霸，提的问题好多都是我想问的,而且她好清醒和笃定。当时的我也挺享受这种感觉的,但学到后面,我知道,我不是没有难题,也不是清醒和笃定,而是我的形象包袱太重,不想把真实的自己暴露出来,让其他人看到我"不好"的那一面。一句"别低头,皇冠会掉"是最好的诠释。

随着自我觉察,我看到我的这个思考模式大抵来源于我一路顺风顺水的经历,在舒适圈习惯了成为好学生,习惯了众星捧月。而当舒适圈不在了,羞耻感便开始作祟,让我开始退缩、害怕。

比尔·盖茨说过一句话,"没有结果的尊严不值一文!"是呀,那我学习的结果是什么呢?是时候做出一些改变了吗?

2022年的一次人生教练中级课,老师让我们订立课堂的同盟公约,那天我突然脱口而出"不要脸",全班同学愣了一秒,然后开始哄堂大笑。

老师问我为什么想要订立"不要脸"的同盟公约。

我答:"就是去体验平时想做又不敢做的事情,不管什么个人形象问题!"

我的提议得到了老师的允许,同学们也达成了共识,那两天的课,我感觉我们的课堂前所未有地放松,好像所有人的形象包袱都被卸掉了。而我更是感受到了全然的自在,第一次在课堂上主动争取演示演讲的机会,泪洒现场。我已经忘记了当时的一些细节,但那种可以当众流泪而不用担心别人怎么看的感觉让我久久不能忘怀。

在提问环节,我和人生教练导师一前一后坐着。这种对话坐姿,本身对我也是一种挑战,因为要把后背交给别人,而不是面对面。一开始的几个问题,我清晰地记得自己在尝试用理智回答一些所谓的标准答案,为什么会这样呢?因为当时有个非常强烈的声音告诉我:"这可是公开场合,还是不要过多暴露自己了,不要让别人看到我不好的样子,我得是有智慧的、优雅的,要不然别人该怎么看我啊?"在前几分钟,我不停地跟这个声音对话,可能教练也感受到了我内在的这个声音,她把节奏放慢了一些,问题开始循序渐进,有那么一瞬间,另一个声音出现了,"不是说好'不要脸'的吗,怎么又开始'要脸'了呢?勇敢试一次,把自己交给大家又会怎么样。"伴随着第一滴眼泪掉下来,我释然了,不再挣扎,不再强装,直到我泪如雨下,教室里鸦雀无声,同学们和教练都静静地陪着我。十几分钟之后,他们来拥抱我,告诉我:"原来女战士也有柔情的一面呀!""其实你是会撒娇的。""脆弱的你很真实很可爱啊。""哇,终于看到一个立体的你。"

那一天,我仿佛重生了,我听见女战士的铜盔铁甲哗啦啦掉落一地,跟着铠甲一起掉落的还有对别人的眼光的在意,对不好的自己的担心,对犯错的害怕和伪装强大的疲惫。然后在那盔甲之下我惊喜地发现,我可以是优秀的、坚强的,也可以是普通的、脆弱的;我可以当众笑,也可以当众哭;我可以主动要,也可以大声说不要。

从此,我跟这个世界,跟自己有了一种新的互动关系。比起未来的精彩,暂时的"不要脸"又算什么呢?有时候"不要脸"何尝不是一种成熟和智慧。

从"要脸"到"不要脸"我尝试了很多，这里面最有效的是三点，跟大家分享，希望和你一起体验"不要脸"带来的力量感。

1. 对外界评价脱敏，专注自己的目标

我们在意外界的评价，常常是为了向别人证明自己可以做好某事。从现在开始，对外界评价脱敏，转变我们的思维模式，不再自证，把更多的注意力放到自己身上。向内看，专注自己的目标，永远把自己的发展轨迹放在首位，明白哪些事情对自己是重要的、是有帮助的，然后认定它，放心大胆坚定地去做。

2. 不要完美主义，勇敢地承认自己可能就是普通的

不给自己贴标签，不给自己立太高的"人设"，也不接受别人给的标签，我可以是优秀的，也可以是普通平凡的，把所有给自己设限的东西统统撕掉。不要完美主义，要知道犯错、出糗是人生常态，在犯错的过程中，人也能获得进步和提升。

3. 预想最坏的结果，刻意练习

搞砸了又怎样？被嘲讽了又怎样？在别人面前出丑了或者被骂了，自己并不会有什么实质性的损失。每次机会来临时，我们都要做最坏的打算，但要以最积极的心态去迎接机会；把自己丢进那些以前不想也不愿去的场景里，一次公开的发言、一次主动的沟通、一次直接的反馈、一次勇敢的拒绝。大胆一点，去练习。

黄渤说过，当你成功了，整个世界都对你和颜悦色。所以，姿态不重要，结果才重要。愿我们都勇敢一点，让"不要脸"成为生命的弹性和力量，坚持"不要脸"，大胆地向这个世界袒露我们真诚赤裸的野心，去表达需求，去展示渴望，哪怕别人还是会嘲笑、会指指点点，都没关系，因为只要我们做成了，那些嘲笑都将成为人生的调味料。愿我们每个人都可以拥有"他强任他强，清风拂山岗；他横由他横，明月照大江"的松弛，也愿我们每个人都可以转角遇到一个内心更强大的自己。

练习1：给童年的自己写一封信

我们没有办法选择原生家庭，但想要过好以后的人生，主动权却在我们手上。当我们不再回避伤痛，直接面对它时，"内在的小孩"才能被看见、被治愈、被滋养长大。

给童年的自己写一封信：以长大的自己的角色和身份，将童年自己受过的伤害，经历的往事梳理一遍，把自己内心深处最深刻的感受表达出来，长大的自己可以表达此刻的感受，表达对童年的自己的看见。

目的：让童年的自己被看见和爱，卸下为童年不幸而承担的责任，把它归还给应当承担责任的人。

练习2：挑战"不要脸"的小实验

邀请你尝试下面的一些挑战。记住哦，挑战自己并不意味着要追求完美，而是要勇敢地接受自己的不完美，并从中学习和成长。

1. 自我表达挑战

- 在日记或社交媒体上分享一个真实的感受或想法，不担心他人的评价。
- 在公共场合（如会议、聚会或课堂上）主动发言，即使感到紧张或担心自己的观点可能不被别人认同。
- 寻求反馈：请求至少三位熟悉自己的人（如朋友、家人或同事）给予自己诚实的反馈，包括优点和改进建议，并认真倾听、接受这些反馈。

2. 身体挑战

- 接受一项超出自己舒适区的挑战，如参加一个舞蹈班或一堂健身课，即使自己在这方面不擅长。

3. 社交挑战

- 邀请几个不太熟悉的人共进晚餐，并主动引导话题。

- 参加一个社交活动或聚会，并尝试与至少五个新认识的人进行深入交流。

4. 情感挑战

- 发一个信息或者写一封信给你认为重要的人，告诉他一些你未曾表达的话，但不强求对方回应。

- 向至少五位对自己有过帮助的人（无论是大事还是小事）表达真诚的感谢，让他们知道他们的付出对自己有多重要。

5. 自我接纳挑战

- 每天在镜子前，说出至少五个自己欣赏自己的理由，并真诚地接受自己的不完美和独特之处。

辑二

拥有爱的能力，
也拥有离开的底气

Compilation 2

2.1 丧偶式育儿,如何三招打造幸福小家

作者:朱琼

全能妈妈的困境

生下老大后的三年,我被压榨得一点自我空间都没有。白天工作完回到家,陪娃去游乐场玩,玩好回来照顾娃的吃喝,吃完饭我们会一起玩玩具、读绘本或者学英语。然后我要给娃洗澡,哄娃睡觉,有时候还要给娃读点睡前故事。

等到孩子睡了,我开始整理她的衣物,做些家务,看看育儿的视频。即使已经做了这么多,但我的内心依然觉得自己做得不够。因为除了吃喝玩乐,我更关心她的情绪好不好,以及性格品质好不好。母亲这个角色,让我更懂得爱和奉献,但也让我常常担忧

自己做得不够好，我想要做一个无所不能的妈妈。

"无微不至"的操心，让我很疲惫，可是却又找不到帮手。有时候我会让另一半来给孩子读书，他读得毫无感情和趣味，孩子也不愿意让他读，于是我只能自己来。有时候我让孩子找她爸爸玩，孩子摇头，我强行把孩子抱到她爸爸身边，我一离开，孩子就哇哇大哭！

很多时候，我只能在心里默默叹气，继续一个人扛下所有。大概，这就是传说中的"丧偶式育儿"吧。

这样的经历，其实并非孤例。我经常跟周围的女性朋友聊天，大家都在吐槽这样的生活状态。在这一个个类似的困境里，我看到我们内心都有一个"好妈妈"的样子，妈妈就应该是奉献的，妈妈要爱孩子胜过爱自己。在我们很小的时候，社会和家庭就在向我们传达这些观念。如果妈妈把过多的时间投入在工作里，影响了孩子的成长，她通常会受到指责。如果孩子学习不好，通常也是妈妈被要求说：你要多关注孩子。对妈妈这个角色的高期望，令我们感到我们必须做到无懈可击，才是一个称职的妈妈。

然而，如果真的面面俱到，我们就是一个好妈妈了吗？

相反，当我开始做一个"不负责任"的妈妈时，我发现我的孩子和家庭关系都变得更好了。

那时候，我刚生完老二，从医院回到家里，每天忍着身体的不适照顾二宝，白天还要忍受老大在旁边不断喊"妈妈陪我玩"。如果我回答说"妈妈现在不能陪你玩"，老大就要大哭一场。连续几天这样的日子，我感觉自己快要崩溃了。于是我对老公说："我忍受不了了,你把老大带出去旅游吧,至少让我消停一周。"

于是我老公带着老大去了东北滑雪。虽然很不放心他独自一个人带娃,但反正自己也承受不了了,就随他们去吧。谁知一周后回来,两个人都很开心,老大跟她爸爸之间的关系一下子变得亲密了。后来老大经常自己去找爸爸玩,不再黏我。而她爸爸也因为感受到自己被孩子喜欢和需要,不再像以前那样逃避带孩子了。

原来,孩子的爸爸以前不跟孩子玩,是因为经常被孩子拒绝,或者被我嫌弃,这让他很有挫败感。这次给他们创造的独立空间,一下子解决了这个问题。而我也因为这一周的清静,心情好转起来。

打那以后,我就开始"刻意"让老公更多地参与带娃。等到产假结束回去上班后,我甚至小有心计地给自己安排了一些出差计划,把孩子交给老公和老人们带。每次出差回来,我都会收到孩子爸爸的炫耀:你看,你在家他们都不好好睡觉、刷牙,每天哼哼唧唧的。我在家,让他们做什么他们就做什么,可配合了!

一段时间这样的配合后,我看到了一系列的变化。

孩子的生活习惯更规律了,也更独立了。当他们知道很多事情他们不会得到过多的帮助时,就会自己动手去做。而独立之后,他们又能得到爸爸妈妈的正反馈,于是他们变得更自信更有力量了。

老公因为在家里带孩子,有了参与感和成就感,越来越主动地投入家庭生活。

不再被我批评和指责的老公,得到了很多我的表扬和认可,我们夫妻之间的关系也变好了。

走过这段旅程，我发现，全能时代的我，看似能力比较强，做得比较多，但其实挤压了孩子和老公的试错空间和成长空间。真正的家庭成长不是来自一个人的全能，而是在每个家庭成员发挥各自优势的过程中，找到共同的奏鸣曲。

1个心理学关系模型，摆脱困境

记得有一次学员跟我说："我最近有个大突破，就是我竟然理解了我妈。以前，我跟我爸总是被我妈各种嫌弃，天天听到我爸因为各种事情被批评，我都为我爸鸣不平，所以我一直跟爸爸关系比较好，比较反抗妈妈的教育。但最近，我突然读懂了我妈，原来我妈是我们家最操心的人，我爸比较随遇而安，也没有很强的上进心，家里的事关心得也不多，于是我妈就成了家里的顶梁柱。她所有的抱怨和不满，其实都在表达自己很累。"

听了这个故事，我很感动，这个学员看见了妈妈内心深处的想法。我在课堂里常常说，每一次抱怨背后，都有一个未被满足的需要。为什么做得越多的人，反而越容易抱怨呢？今天我来跟大家分享一个心理学模型。

1968年，美国心理学家斯蒂芬·卡普曼根据多年对人际互动沟通的研究，提出了卡普曼戏剧三角。

我们在人际关系里，经常会无意识地扮演这三个角色，受害者、拯救者与迫害者。在场景变化下，在这三个角色中循环往复，陷入情绪内耗的漩涡。

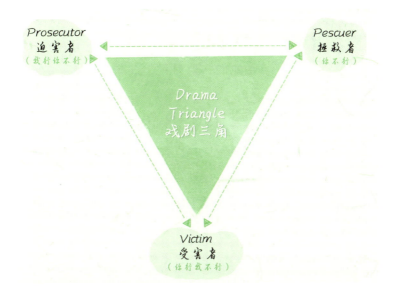

拯救者内心的台词常常是：你不行，这事只有我行，让我来帮你。于是，拯救者总是过度背负和干预别人的问题，而忽略自己的需求。时间长了，拯救者疲惫不堪，尤其是不被看见和认可时，更容易变成受害者：为什么只有我在背负责任，我已经这么累了。如果身上的负担一直没有卸下来，拯救者会把自己越逼越崩溃，最后变成迫害者：你们为什么都不做好自己的事，只想着依靠别人。我明明可以更好，因为你们，我一直被拖累！这太不公平了！

更有意思的是，当你扮演了其中一个角色时，周围的人为了维持这个三角形的稳定，会无意识地扮演其他对应的角色。

不知道这样的内心戏是不是你熟悉的。我在很多客户的人际关系话题里，特别容易遇到这个戏剧三角，包括曾经的我陷入婚姻的一地鸡毛时，也是一直在这个戏剧三角里打转。

在当时的婚姻生活中，我总是忍不住跳出来，去承担责任，觉得老公什么都做不好，只有自己能做好。然后事情越揽越多，家人也越来越觉得我不需要他们。这时候，我是拯救者，老公是受害者。

当我做了很多，而其他家人不干活时，我又觉得自己被困在事情里无法脱身，一点自己的空间都没有，觉得委屈。直到某天我的情绪突然爆发了，对着老公一顿埋怨和指责，怪他无所作为。我老公被无辜地骂了一顿后，会阶段性地反弹做一些家务和育儿工作。这时候我是迫害者，老公是拯救者。

老公憋屈了一段时间后，也会忍不住情绪爆发，用各种方式来表达对我的不满，于是我成了受害者，老公成了迫害者。

一次次的关系循环，家庭氛围越来越糟糕。怎么跳出这个戏剧三角呢？我们能做的改变就是"觉察"。在每个当下去觉察自己在戏剧三角模式中所处的角色，当我们选择停止继续做这个角色，这个模式对应的其他两个角色也会失去存在的空间，关系也会发生转变。其实在很多关系的困境里，我们不需要改变别人，只需要改变自己，自己变了，你和外在的关系自然就变了。

美国一位研究行为科学的学者在1990年发布了另一个模型——赋能三角。赋能三角的三个角色分别是创造者、挑战者和教练。

当我们觉察到自己陷入"受害者"模式时，我们可以尝试把自己"受害者"的角色转换为"创造者"。这时，我们的注意力就会从关注自己受迫害的部分，转移到关注自己已有资源和优势的部分，从"希望他人改变使自己得到拯救"的被动状态，转换为"为自己负责、为自己创造"的主动状态。必要的时候要学会说"不"，保护自己的边界感和成长空间。

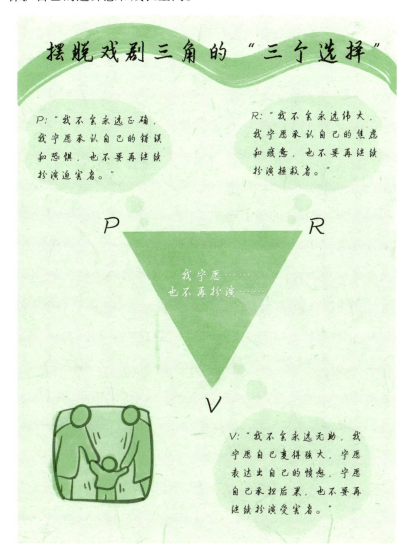

当我们觉察到自己陷入"拯救者"模式时，可以尝试把角色转换为"教练"。这时，我们的注意力会从自己很能干、很厉害，转换到对方需要的鼓励和试错空间是什么上来。我们不用证明自己的价值，更不用证明自己有用，摆脱内心各种"应该"的束缚，遵从内心真正想为自己做的，把他人的人生和责任还给他自己。

当我们觉察到自己陷入"迫害者"模式时，可以尝试把角色转换为"挑战者"。既温柔又坚定地表达自己的需求，也尊重和理解他人的感受和观点。从指责、控制、要求他人，转换成挑战自我，从"心"了解自己的内在需求和需要承担的责任，并邀请"受害者"一起共同学习。

回看婚姻危机，我确实跳脱了戏剧三角，把更多的注意力放到了关注自己的内心，给自己空间满足自己的需求后，我的家庭关系开始了一系列的转变。正像心理学家萨提亚的一首诗《如果你爱我》所传达的精神，我们不需要拯救别人，也不需要被人来拯救。我们真正要做的是成为自己，为自己的人生负责。

如果你爱我

请你爱我之前先爱你自己
爱我的同时也爱着你自己
你若不爱你自己
你便无法来爱我
这是爱的法则

因为

你不可能给出

你没有的东西

你的爱

只能经由你而流向我

若你是干涸的

我便不能被你滋养

若因滋养我而干涸你

本质上无法成立

因为

剥削你并不能让我得到滋养

把你碗里的饭倒进我的碗里

看着你拿着空碗去乞讨

并不能让我受到滋养

牺牲你自己来满足我的需要

那并不能让我幸福快乐

那就像

你给我戴上王冠

却将它嵌进我的肉里

疼痛我的灵魂

宣称自我牺牲是伟大的

那是一个古老的谎言

你贬低自己

并不能使我高贵

我只能从你那里学到"我不值得"

自我牺牲里没有滋养

有的是期待、压力和负担

若我没有符合你的期望

我从你那里拿来的

便不再是营养

而是毒药

它制造了内疚、怨恨,甚至仇恨

我愿你的爱像阳光

我感受到温暖、自在、丰盛、喜悦

我在你的爱里滋养、成长

我从你那里学会无条件的给予

因为你让我知晓我的富足

与那爱的源头连接,永不枯竭

永远照耀

请爱你自己吧

在爱他人之前先爱自己

爱自己不是自私

牺牲自己并不是爱的表达方式

爱的源头就在那里

然而,除非你让自己成为管道

爱不能经由你而流向我

你若连接

爱会滋养你我双方

你若断开连接

爱便不能经由你而流向我

你的爱便不是真爱

而是自我牺牲

然而,那不是我想要的

爱自己,是生命的法则

除非爱自己

你不可能滋养到别人

我愿意看到充满爱和滋养的你

而不是自我牺牲的你

因为,我也爱你

我爱你

必先爱我自己

否则,我无法爱你

而你,亦当如此

生命的本质是生生不息地流动

生命如此

爱如此

请借此机会好好爱自己

看透困境的本质，三招打造幸福小家

从亲密关系的疏离，到家庭成为我的幸福小窝，这让我意识到：幸福的家庭不是偶然发生的，而是需要女性以智慧的方式经营。

一个幸福的家庭，一定会让每个个体都回归到做真实的自己。因为做真实的自己，意味着我们足够尊重自己的情绪、需求和想法，我们是满足的和快乐的。怎样创建一个好的家庭氛围，让每个人都能更好地做真实的自己呢？抓住以下三个方面，幸福不会离你太远。

1. 激发每个人，让每个人都有自己的小梦想

一个没有自己的梦想和目标的人，往往会被外界的期待和目标驱动，这样的人生往往是无趣的，可能做了很多却依然没有满足感和意义感。当我说这句话的时候，我并不是在强调"梦想和目标"，而是更想强调"自己的"。

在过去疏导客户的婚姻关系时，我经常会遇到这样的案例。一方追求事业上的成功，对家庭极其忽视。仅有的在家的时间，也是用工作中的理性和高效来解决问题，眼里只有事情没有人。而另一半通常会因为对家庭的担忧和责任，把很多的精力都放在家里，工作因而被耽误，常常觉得自己没有价值。

当我问他们：如果没有了任何限制，你们过上了理想的生活，

你真正想过的人生是什么样子的？这时候，人们开始了自定义的"成功"：不需要那么高的职位和那么多的金钱，也不需要特别多的自我牺牲和服务他人。

之所以之前远离自己的梦想生活，是因为很多时候，我们并不是被梦想驱动，而是被恐惧驱动。我们害怕不继续往上晋升，就意味着我们可能会被淘汰。我们害怕离开了我们无微不至的照顾，孩子会不好好吃早餐，会不好好学习……我们有很多的内心假设和担忧，于是大脑发出一系列的指令，让我们"应该"做一个努力上进的人，"应该"做一个负责任的人，"应该"严格要求孩子的学习。这些"应该"就像一道道枷锁，让我们无法去追求我们真正想要的。

而一个被枷锁控制的人，也不会得到真正的开心。所以在这样的教练案例里，我通常会邀请被困住的家庭做一场敞开心扉的沟通，邀请每个人不用"你应该"的表达，而是用"我需要，我想要"的表达来分享自己真正的需求，每个人在聆听彼此的基础上，共同探讨我们如何支持彼此，更好地满足大家的渴望和需要。

2. 允许情绪并建立情绪边界

生而为人，我们与机器人最大的区别除了智商，还有情绪和情感。能与家人分享自己内在的情感世界并被理解，是一件让幸福加倍的事情。

在我婚姻的前几年，我也特别忽视情绪带来的影响，不会坦承自己的感受和需求。我是一个理性的人，特别关注结果和目标。我老公是一个慢性子，遇到压力一般不说话，也不会做决定，如果讨论一个他觉得没把握的事情，他可能会不吭声。以前遇到这种情况，我特别无法理解，我想：行就行，不行就不行，直接说不就可以吗？不吭声是什么意思?！当我因为对他不理解而发牢骚，甚至评判他的时候，他像个撬不开嘴的闷葫芦，更不说话了。

后来当我慢慢成长起来，我意识到每个人都有自己的情绪和反应模式，也都需要外界给予更多的包容和理解，才会更好地打开心扉，婚姻关系也才会更加亲密。如何经营一个有温度的家，实现情绪稳定。以下分享我的三个感悟。

（1）给对方情绪空间

当对方或自己有情绪的时候，先找到一个空间让对方或者自己的情绪安定下来。比如上面说到的沟通，当我老公一声不吭的时候，我不再逼着他立即就要回应我，而是告诉他：那等你想一想，我们再聊。然后我先去干自己的事，晚一点或第二天再询问他是怎么想的。

（2）表达自己的情绪

尽量做到表达自己的情绪，而不是做情绪化表达。比如当我们很疲惫或很着急的时候，容易用情绪化的表达来发泄自己的不满：你就知道打游戏，孩子的作业从来不管！表达的情绪是：我现在挺累的，心情不好，我希望你能帮我处理一下孩子的作业，好让我喘口气。

（3）建立情绪边界

表达情绪，而不要做情绪化表达，这是比较难的。那万一我们做情绪化表达了,怎么办?如果是自己情绪化了,也不用自责,而是可以在自我觉察后,坦诚地跟家人沟通和道歉,可以分享刚才自己是因为什么事情带来了这种情绪,背后的原因和需求是什么。如果是家人情绪化了,我们要做到划清情绪边界。有的情绪是自己的认知和需求带来的,不要把对方的情绪当成是在针对自己。

成长以前,只要老公对我说话不耐烦,我就认为他是对我不屑。后来我发现,他着急的时候就会不耐烦,而他不耐烦的背后,真正的原因是他受挫了,不知道该怎样才能被理解和认同。当我理解了他的受挫,我就不会把他的情绪当成对我的攻击,而是知道这时候他需要鼓励和认可。

3. 用认可和看见激发每个人的正向能量

家庭如同一本书,每个人都是独特的篇章。不要试图让另一半改变,真正的改变通常都是建立在足够的被看见和认可之上的。没有人想被外界改变,除非他自己想改变了。曾经我一直想让老公参与育儿更多一点,但是每次他来打下手的时候,都会被我嫌弃和挑剔,于是我再叫他帮忙的时候,他就更不愿意来了。

同样的故事,也发生在我很多客户身上。一个高管一直被家人抱怨不管孩子,一次教练对话时,她向我袒露了内心的受挫:我不是不愿意去做这些事。而是每次做,都会被我老公指责,说我做得不好。我感觉他的要求好高,我怎么做也达不到他的标准,每次被说,我都很受挫,带孩子的积极性就不高了。

当我把这个互动模式照镜子式地给他们彼此分享后,她老公想要做一些改变，但觉得自己很难说出认可的话，因为他认为他老婆做事的结果达不到自己的标准。后来我告诉他，不用一定要认可自己的老婆把家务做好了，但可以看见对方的努力，以及她想要回归家庭的心，也可以每次看到她比上一次进步的地方。当他们之间多了这些看见，这个高管越来越主动做家务。在多次尝试以后，家务也做得越来越好了，她老公也能放下一些家庭负担了。

其实，不管我们实际年龄多大，我们的内心依然住着一个需要被认可和看见的"小孩"。家是一个最需要安全感的地方，我们都希望在这个安全和温暖的港湾里，得到更多给自己"充电"的机会。同时，我们得到的鼓励越多，就越会有动力和信心去尝试和突破，也会更有力量去面对和处理外界的纷杂。

愿我们每个人都能被温柔以待。

2.2 经济和精神独立,做自己的女王

作者:杨海霞

在人生的旅途中,我们每个人都面临着无数选择,这些选择或许关乎职业道路、人际关系,或是日常生活的点滴琐事。然而,真正的自由选择并非随心所欲,而是建立在拥有离开的底气基础之上的,当我们拥有了选择离开的底气,我们就能更加从容不迫地应对人生的一切。

自由选择,意味着我们在面对选择时,能够基于自己的价值观、兴趣和目标,做出最符合自己利益的决策。这种选择不受外界压力、传统观念或他人期望的束缚,而是真正源自内心的声音。

在我遇到的案例里,客户来找我都是希望做出改变,但遇到了各种阻碍。比如,没有勇气离开现在的

工作,因为他们需要这份收入养家糊口;不敢离开已经不合适的另一半,因为害怕孤独;不敢跟那些内耗的关系隔离,因为害怕被世俗的声音评判……这些害怕和不敢的背后是无法独立。精神独立、身份独立、经济独立,是我们能够自由选择的前提。

经济独立让我们在物质层面拥有更多选择的空间,不必为了生计而妥协自己的意愿。内心世界的充实和满足,让我们更加自信,能够抵御外界的诱惑和压力,能摆脱身份的限制和束缚,遵从内心的声音去生活,让生活的幸福感更高。

而能同时拥有精神独立、身份独立和经济独立,是我们对自己的无条件信任,相信自己面对任何情况都可以按照自己的意愿选择,相信自己可以靠自己存活于世。这份相信不需要任何前提条件,这份信任也不需要任何外在加持,这份信任只源于我们内在的力量。

选择精神独立,打造关系自由

很多人一说到精神独立,就会想到相反的词"精神依赖",似乎只要做到不依赖别人,就是独立了,但这种认知有时候会让我们"过度独立"。

特别是在婚姻关系中,许多女性努力保持独立,避免成为另一半的附庸。然而,这种过度强调自我独立的做法,往往会让夫妻间的交流陷入僵局。

我结婚后,始终努力保持自我独立,避免过度依赖我老公。即使生活或工作中遇到困扰，我也习惯独自应对。然而，这样的做法让我们之间的交流逐渐变少，除了孩子，我们之间似乎没有其他话题了。有时，老公分享工作上的事情，我会觉得那是他能自己处理的小事，无须我的参与。随着时间的推移，亲密关系变得疏远，彼此之间的关联只剩孩子，我们无法再参与彼此的生活，不了解彼此内心的感受，我意识到这种所谓的"不撒娇、不依赖"并非真正的精神独立，而是在亲密关系中把自己孤立出来了。真正的精神独立是在夫妻关系中保持自我，重视自我意识，同时也愿意以有意义的方式向彼此求助，深化彼此的情感联系。

于是，我开始改变，学会在老公面前撒娇，展现自己脆弱的一面，这让他更有成就感和价值感。有一次，公司同事一起聚餐，晚上结束得有点晚，以往我会自己打车回家，但是那一次我发信息跟老公说："有点晚了，我一个人回家有一点害怕。"老公立刻回信息说来接我，路上我们聊了很多，回忆起我刚工作时，晚上他骑着自行车接我回家的往事，聊起这些年工作和生活中的酸甜苦辣，我们彼此的心开始靠近，我们的关系也因此变得亲密起来。而在这个过程中，我并没有不独立，我拥有自由选择权，我自己决定是否向他人寻求帮助和建立依赖关系。我不再要求自己一直表现坚强的一面，在工作中也不再害怕向他人流露自己的脆弱，有意识地表达自己的脆弱反而让我收获了更多的支持，让自己的工作也变得更轻松和自在。

我曾有一个客户，因在工作中受到排挤而感到委屈，他坚称自己并不冷漠，只是不想依赖他人，因为依赖会带来期待，而期待可能会带来失望。经过深入的沟通，我了解到他曾遭遇亲近之人的背叛，这让他对人际关系产生了防御心理。所以在工作中，他与所有同事都保持了一种简单的工作关系，避免情感交流。事实上，同事之间也需要情感交流，真正的精神独立并不是为了回避伤害而过度防御，而是拥有成熟的内心，能够与他人建立真诚、自由的关系，能够在交流的过程中自主选择关系的远近。遇到真诚的人，深入交流；遇到不真诚的人，我们做好自我保护，可进可退，才是真正的精神独立和关系自由。

作为女性，真正的精神独立意味着在关系中能够重视自己的感受，自主做出选择和决定。在理性上，我们都知道自己的选择不应受他人评价的影响，而是要有自己的判断，但是在现实生活中，我们总是或多或少地会受到他人的影响，既然无法避开，那就选择面对，主动选择他人对自己有积极影响的声音。只有拥有人际关系中的主动权，我们才能在人际关系中拥有真正的自由。

活出身份独立，摆脱社会规训

身边很多女性朋友互相聊天时经常会说："做女人太累了，很不自由！男人太舒服了，眼里只有工作就好，下辈子还是做个男人吧。"

作为女性，我们对世俗规训要求的家庭、事业、婚姻、责任……并不陌生，电影《芭比》里有这样几句台词：

"你必须喜欢当妈妈，但不能整天把孩子挂在嘴上。"

"你要有自己的事业，但同时你得把身边的人照顾得无微不至。"

"你要为男人而美，但不能过度，让男人有非分之想，或者让女人有危机感。"

"你永远不能变老，永远不能失态，永远不能炫耀，永远不能自私，永远不能消沉，不能失败，不能胆怯，永远不能离经叛道……"

非常多的女性对此感同身受：种种束缚如同法海的咒语，将我们牢牢困住。在教练对话中，常有客户说，想要摆脱现在枯燥的工作模式，去追求自由自在的生活，但是孩子、家庭的责任让她有很多的顾虑。随心所欲的自由之于我们，仿佛成了永远不可企及的彼岸。

到底是什么困住了我们？在现实社会中，我们还能活出身份独立，摆脱社会规训吗？

曾经的我也把自己困住了，大学毕业之后我就步入了婚姻的殿堂，婚后我们很快就有了第一个孩子，在大宝（哥哥）出生的第一年，大宝就是我生活的重心，工作时我会担心大宝有没有哭、是否吃饱了，我深深地陷在妈妈这个角色中，工作和生活让我陷入内耗。我经常会自我怀疑：我是个好妈妈吗？好妈妈是不是应该全身心在家照顾孩子？这些声音让我不断陷入自责的漩涡。这样的情况持续到大宝一周岁半。那天大宝突发高烧惊厥，我半夜穿着睡衣，抱着大宝在马路上拦车，把他送到医院急救后，我在厕所号啕大哭，把内心所有的自责和委屈用眼泪发泄出来。在医院照顾大宝时，我无意中看到一则视频，大概意思是，我们都是第一次做父母，都在学习，但是孩子有他自己的成长模式，我们也有自己的路要走，我们没有办法替代孩子成长。只有我们活出自我，孩子才能活成自己想要的样子。这段话让我想到，虽然我一直守在大宝的病床前，但无法代替大宝生病，我能做的就是让自己健康快乐，只有这样才能更好地照顾他，让他的身体恢复得更快！

摆脱妈妈这个身份的束缚之后，我可以更自在地跟大宝互动。大宝开始上学后，我告诉他，工作是妈妈努力的阵地，学校是他奋斗的地方，我们需要互相支持，但是不能互相替代。那些鸡飞狗跳地陪娃写作业的情况从未在我家发生，我们彼此做好自己，大宝也长成了阳光快乐的大男孩！

我刚开始做人生教练时，有一个客户来找我，她觉得自己被父母"PUA"了。她说，从小父母就会跟她说，养她多么不容易，以后长大了一定要做个孝顺女儿，所以自从她开始工作，就把工资卡交给妈妈。世俗规训给她定义的"孝顺女儿"就是要对父母言听计从。考大学填报志愿时，她自己想读经济学专业，父母让她报考师范院校，但是当时的她没有办法告诉父母自己真正想要的是什么，因为她一直被"女儿"这个身份束缚着。

但在我身边的女性朋友中，也有这样一群人，她们不受任何身份的束缚，敢于冲破世俗的规训，散发着一股自由的魅力，让人不自觉想要靠近！

我有一个闺蜜，从小就非常独立，身上那种自由的味道，像《欢乐颂》里的曲筱绡、《繁花》里的李李。她经常说，如果我不把自己的需求放在首要位置，就不会有人把我放在第一位。这类女性看起来很自我，因为不讨好他人反而能得到外界更多的尊重。有一个客户也曾对我说，"当我对丈夫不再像以前那样讨好、言听计从时，他反而更愿意和我在一起了。"换句话说，她们活出的是真实的自我，而不是曲意逢迎的自我，不是被世俗规训的虚假自我，不是被老婆身份束缚的自我。当有的女性被限定在各种"身份"里、被修剪成整齐划一的模样时，她们的内心却始终自由，她们会追随自己内心"想要的"。

我曾经听到这么一句话："人应该及时行乐，一百年之后当我们都死了，那个时候还有什么是最重要的呢？"当时听到这句话时，我觉得像是给自己的"不负责任"找到了理由。当我们真的允许自己快乐、成功、自由自在，关注当下自己的需求时，我们的内心就变强大了，所有世俗规训下的身份束缚自然就能解开。不被身份束缚的女性，生命力是伸展的而非压抑的，与外界的联系也是丰富的。我的一位老师，弹琴、看书、写字、养花、跳舞、滑雪、学英语……每年都会和先生一起去一个国家旅行。她从事教育工作，却把自己活成了一个"斜杠"青年，还业余写作出版了一本书，平时也会开直播做分享，她是我们同学公认的具有有趣灵魂的人。

这样独立的人生，我们都可以拥有！

拥有经济独立，做自己的女王

有一句话说：好好挣钱，永远都是正经事！因为没有钱，意味着可能失去主动选择权，有钱，就有跟命运叫板的勇气。实实在在的经济独立才是给自己最好的安全感，因为经济独立后，自己就是女王。

杨澜说，女人一定要经济独立，才能有人格上的独立，经济不独立的女人，谈人格独立与平等，为时尚早。能赚钱的女人，经得起命运的揣摩，因为她们已经练就了一双能飞翔的翅膀，无论生活把她们举过头顶，还是摔到泥沟里，她们都能就近找到赚钱的门道，活出自己的精彩。经济独立并不一定是拥有很多钱，而是始终坚信可以赚钱养活自己的信念。

锦江饭店创始人董竹君，出生于上海一个贫民家庭，12岁时，为了给父亲治病，她被卖到青楼唱歌，在风尘中她活得非常艰难，在青楼时，有人要帮她赎身，她断然拒绝，执意自己想办法。后来她灌醉了看守人，逃离了青楼。她宁愿铤而走险也不接受夏之时的好意，是因为她不想带着亏欠和卑微进入一段不平等的婚姻。就算没有钱，也要靠自己的努力去获得自由，这份勇气和坚毅让她在婚后遇到坎坷时，依然能独立。在婚姻状况不堪忍受时，她独自带着4个女儿离开夏家，从督军夫人到一无所有，董竹君坚持从商赚钱养活自己和孩子。在这个过程中她遇到了很多困难，当夏之时再次让她跟随自己回夏家时，董竹君还是拒绝了，因为她知道，在自己低谷时回去，在这段婚姻里她就再也没有公平可言。后来她与夏之时正式离婚，她开了第一家锦江川菜馆，后来通过自己的努力开拓事业，成就了锦江饭店。从青楼歌女到督军夫人，再到企业家，她始终都保持着独立的信念。董竹君说过，要有尊严地活下去，靠谁都不如靠自己，唯有自己才能拯救自己、成全自己。

我们什么都可以放弃，但一定不能放弃赚钱的能力，生活不是为了钱，但生活处处都需要钱。一个已经步入婚姻的女人，哪怕老公对你再好，孩子再孝顺，娘家或者婆家再有钱，都不如自己有赚钱的能力重要。

我身边有个朋友，年纪轻轻就嫁了人，生下了一儿一女。儿女双全的她，在旁人眼里是人生赢家，但是作为全职妈妈的她没有收入来源，每次有什么需要都要低声下气地问丈夫要钱。有一次她带着孩子在外遇到紧急事情需要用钱，情急之下她没有经过丈夫的同意就刷了他的信用卡，回家后，她被丈夫劈头盖脸一顿臭骂，丈夫怪她擅自动了他的钱。她说，那一瞬间，她非常想甩老公一个耳光，然后带着孩子离开那个家，但是她做不到，因为就算那一刻她走了，第二天还得回到那个家，她没有赚钱的能力，她没有办法照顾好孩子和自己。朋友跟我倾诉时，我依然能感受到那份委屈和难过，对她来说，经济不独立，又何谈尊严和人格独立？可是，她是真的失去了赚钱能力吗？她是真的无能为力吗？在跟她几次对话之后，她找到了自己的内在力量，她开始重新审视自己的能力，她和丈夫沟通，让丈夫出钱请了阿姨带孩子，自己找了一份工作，虽然赚得不是很多，但是那份自信重新回到了她的身上。女人只有努力让自己手中握有筹码，才能活得更有底气！

《离婚律师》里有一段台词：我努力工作，为的就是有一天当站在我爱的人身边，不管他富甲一方，还是一无所有，我都可以张开双手坦然拥抱他。经济独立，往往意味着我们拥有更多的选择权，这份独立是女人永远受用不完的底气。

2.3　放弃也是一种选择

作者：杨海霞

曾经有一个客户问我，你是怎么做到工作和生活平衡的？在我的概念里，没有什么平衡，有的只是选择！作为女性，特别是职场女性，我们常常觉得时间不够用，既要工作又要照顾家庭和孩子，总是希望自己会"魔法"，让自己既在工作上拼搏努力，又能管理好家庭。事实上，每一个人的一天都是24小时，公平的时间促使我们不得不做很多选择，也不得不放弃很多选择。我们总会说"我们别无选择"，但"别无选择"也是一种选择，甚至放弃也是一种选择！

在跟同学分享关于"生命的话题"时，有人说：现在的生活太难太累，希望能去到一个"世外桃源"，能享受自由带来的安逸！当我问他，当下是什么阻碍他去到"世外桃源"时,他说现在的工作环境虽然压力很大,但是收入很高,这样的收入可以匹配高质量的生活,想买什么的时候不必考虑金钱的因素!当我再问他,放弃这份工作会怎么样的时候,他沉思很久,说他并未想过放弃!鱼和熊掌不可兼得,似乎这个道理大众都能明白,但回到自己身上,回到生活中,放弃某一方面似乎很难!

我们常常认为放弃是一种失败,是一种屈服,是一种软弱的表现。其实放弃并不可怕,可怕的是对失败的恐惧和对未知的逃避,放弃并不意味着失败。相反,它是一种智慧的表现,当我们发现自己无法掌控事情或者无法实现目标时,放弃是一种明智的选择,因为在这个时候,继续坚持可能会带来更多的困扰和压力,甚至可能会带来更大的损失。

我曾经遇到一个客户,在别人眼里,她的工作光鲜体面,收入也非常丰厚,但是她一直工作得很压抑,每天重复的机械性工作让她没有任何新鲜感,她所在的职位需要依靠资历才有可能晋升,晋升之后依然是在另一张办公桌上重复做一件事情。当她跟家人提出想换一份工作时,家人都表示反对,认为她放弃这份工作一定会后悔,这些声音阻止了她当下想离职的想法,但是那个崇尚自由的声音一直在她心里挥之不去,内耗让她一直纠结和焦虑。在几次教练对话中,她看到了适合自己的方向,在那个愿景里,她的人生体验是丰富多彩的,她的优势在那个空间里能给她带来价值感和成就感,高能量的她回看当下环境时说,放弃也是一种选择,因为它代表着我们对生活的态度和价值观,她愿意面对放弃带来的影响,更愿意遵循自己内心的声音而活!

当然,放弃并不总是容易的,在三次教练对话之后,她跟家人做了深入的沟通,最后她选择了离职,开了自己的工作室,创业并不容易,但是后来每一次见她,她都神采飞扬。如果人生是一场闯关游戏,怎么玩才不后悔?一个赛道卡住,那就换一个赛道,如果一个关卡失败,那就重启另一个关卡!游戏的意义不是终点,而是游戏的过程!

有时候,我们不肯放弃,是因为害怕失败,或者失去面子,但是,有时候放弃也是一种勇气和智慧的表现。当我们做出正确的选择时,我们会发现,放弃之后,我们可能会得到更多的机会,拥有更多的可能性

有一次,我接受了老板的一个工作任务,协助老板组织一场比赛,以Team(团队)为单位派代表参加。以前的我,遇到竞争就像打了鸡血,这一次我自己还是主办方,拿下第一一定会成为我的目标。但这一次,我放弃事事想要第一的目标,更多地从组织者的角度去关注比赛的目的,鼓励更多的员工参与其中,邀请更多的部门互相加油打气,营造友谊第一、比赛第二的气氛!比赛结束之后,虽然我的Team没有拿下任何奖项,我和团队却获得了老板的奖励和认可,也获得了所有兄弟部门的一致好评!放弃一个数字目标,却获得了掌声和认同,所以放弃也是一种智慧的选择!

不同的选择带来不同的结果,但是选择权一直在我们自己手

上,当我们面临那些好像无法选择的问题时,可以问自己:如果你的生命要停留在今天,此刻、当下的你会作何选择?当我们焦虑不安时,可以问自己:如果选择放弃当下紧紧握住的东西,生命又会有什么不同?

记住,放弃也是一种选择,一种你可以掌控的选择,它可以让你重新审视自己,重新规划你的生活,重新定义你的目标!

2.4 女强男弱的关系,如何平衡?

作者:刘夏

这是我的一对好朋友的故事,看着他们从甜蜜的恋人,到携手步入婚姻,再到成为父母,这一路走来,我见证了他们感情的点点滴滴。然而,随着时间的推移,他们的婚姻出现了裂痕,陷入了女强男弱的失衡状态。这不仅是他们两个人的故事,更是一段关于如何在爱中成长、学习的深刻旅程。

这一段文字来自我的女性朋友的描述:我们工作第一年就认识了,经历了五年的恋爱长跑终于修成正果。起初,我们的工作都还算顺利,后来,我的事业逐渐有了起色,收入也逐渐增长,甚至一度达到了他的两倍到三倍。于是我一个人负担着家里的各种开支,包括孩子的学费、课外辅导费等,而他在家庭开支这方面几乎没有任何贡献。更令我困扰的是,随着我生活圈子的扩大,我感觉我们的认知差距越来越大。有时候我真的觉得他的一些想法挺幼稚的,我尝试跟他沟通,指出他的不足,但他总是选择逃避问题。我也想过,既然他在经济上不能帮我分担更多,那是不是可以在家庭和孩子上多投入一些时间和精力呢?但他似乎也不情愿。我又提议他少花些时间在娱乐上,比如打球,多花些时间看书学习,提升自己的认知水平,但他也不同意。在商量这些事情的时候,他永远是那句"都可以,你定吧",问了跟没问一样。我真的感到很疲惫,既要打拼事业,又要操心家事,我已经付出了很多,难道他就不能多体贴我一点吗?我想要的只是一个能够共同分担家庭责任,携手共进的伴侣,而不是一个永远长不大的孩子。

而她的老公是这么说的:我知道她很辛苦,压力很大,可是我也希望她能对我多一些理解。我的工作虽然不算出类拔萃,但也算稳定。我并不是一个追求很高生活质量的人,当她的工作越来越忙,我选择了全力支持她,把更多的时间和精力投入到家庭和孩子身上。接送孩子上学、辅导孩子做作业,这些照顾孩子的事情占据了我大部分的时间。然而,她似乎并没有看到我的付出,每天都在我耳边抱怨这、抱怨那,对我各种不满意,想要改变我这个方面,又想要改变我那个方面。如果我不顺着她的意思来,就免不了一场争吵。在这个家里,我感觉自己没有什么地位,打球是我唯一的爱好,但她却认为这是浪费时间,占用了应该属于家庭的时间。我现在的感受就是,这个家里所有人都要围着她转。我一个人的时候常常会问自己,这就是我想要的人生吗?想想真的觉得挺无奈的。很多时候我真的想过离开，离婚算了，或许这样对彼此都是一种解脱。但每当这种想法冒出来的时候，我又会想到孩子和家庭，我知道我不能这么自私地只考虑自己。所以，我现在不知道该怎么办才好。

在他们的故事里，我常常在想，是女强男弱让他们的关系出现问题了吗？一直以来，男主外女主内才是主流模式，因此女强男弱似乎背负着某种原罪。但如果我们从这个传统模式再往下看一看呢，好的婚姻关系，本质在于双方需求的匹配和满足。

在婚姻中，男性的核心需求通常包括被需要、被理解、被崇拜，以及获得成就感；而女性的核心需求则往往是被爱、被呵护、被看见，并拥有安全感。实际上，无论是男方强势还是女方更强势，只要双方的需求都能得到满足，任何一种关系模式都是可行的。所以，女强男弱本身并不是问题所在。真正的问题在于，强势的一方在关系中过度关注自我需求，而忽略了对方的感受和需求。这种以自我为中心的态度，会导致关系中的平衡被打破，强势方成为主导者，而相对弱势的一方则沦为从属者。这种失衡的关系注定难以长久维持。

我仍然相信他们之间的爱情基础是牢固的。因此，我决定向他们坦诚地揭示需求满足与不平等关系的真相。他们并排坐在我的对面，陷入了长时间的沉默。我察觉到，他们之间正在发生一些微妙的变化。过了一天，我的女性朋友发来一个消息：我是不是真的太自我了？我抑制想笑的冲动，回复她：现在愿意反思的你，已经不是了。然后我们一起"哈哈哈"。

我给她布置了一项作业：学会欣赏并感激你的伴侣。对于她来说是有难度的，于是我请她回想并分享他们曾经珍贵的瞬间，回想是什么让她选择了对方，又是什么让她如此珍视这段关系。当这些美好的回忆在她的脑海中逐渐清晰起来，一些深藏在心底的情感也开始慢慢涌动，她紧绷的身体渐渐放松，靠在椅背上，声音也变得柔和了许多。她意识到，她的老公并不是一无是处，反而是自己忽略了他的很多优点。

看见是改变的开始。她开始笨拙而艰难地尝试把更多的注意力放到对方身上，去回应对方的需求。一个人要走出自己的舒适圈并没有那么容易，每当自己想要放弃或者回到旧模式，她就会让自己去回想那些珍贵的瞬间和老公的优点，这让她重新获得了坚持改变的动力。

再次见到他们时，我感受到了他们之间不同以往的气息，他们的眼神中流露出更多对对方的爱意。他们仍在为打造更美满的婚姻关系而努力，但我坚信他们已经领悟到了幸福婚姻的真谛：在幸福的夫妻关系中，平等的地位是基石，而关键在于给予对方更多自己的关心，让对方深切地感受到自己的价值与被需要，两个人是彼此生命中无可替代的伴侣和朋友。

在婚姻关系中，没有绝对的强弱之分，只有是否愿意为了对方和共同的幸福而付出努力，愿每个人都能在爱的旅程中找到属于自己的幸福之道。

2.5 如何跟另一半好好谈钱？

作者：刘夏

好的婚姻不能只谈钱，同样，好的婚姻也不能不谈钱。钱在婚姻关系中是一个持续存在的话题，因为它除了意味着家庭物质生活水平，还意味着夫妻双方的情感需求、责任感、安全感和权力分配。所以有时候它是一个敏感的话题，在女强男弱的婚姻关系中更是如此。

我的一位客户是一家企业的中层领导，收入很不错，而她的老公是一位自由职业者，收入极度不稳定。因此我的那位客户承担了家庭几乎所有的经济支出，很多年她都没有因此说过什么。一年又一年，老公的事业迟迟不见起色，她感到很焦虑，但老公却总是一副一切都在计划中的淡定模样。慢慢地，她的心态在悄然发生变化，这个家似乎只有她一个人在付出，她不确定未来如果一直这样，这个家会怎么样，那些曾经一起憧憬的美好未来如今似乎都变得遥不可及。这种强烈的不公平感和不安全感开始侵蚀她的内心。也许是为了缓解这种压力，她开始有意无意地在老公面前提到赚钱，可是，她发现每当这个时候她老公总是显得心不在焉或者逃避回答。后来，有一次，当她再这样明确地谈到钱的时候，她老公突然怼了她一句："你有什么就直接说，不要每次都拐弯抹角，而且，我没钱。"

谈钱原本就是个不容易的事，更何况在女强男弱的关系里，它更多地关乎男人的尊严。我的这位客户想要在自己的婚姻里建立一个更加健康的金钱关系，但却用错了方法。老公的这个回答让她的心情跌入了谷底，她近乎崩溃地给我打来电话，我很理解她当下的崩溃。但作为她的教练，我深信她自身拥有解决问题的能力和资源。于是，我温和地引导她思考："是什么在阻碍你直接地表达对家庭财务的担忧和期待呢？"

她犹豫片刻，轻声答道："我害怕伤害他的自尊心。"

我继续追问："那你现在这样做，你觉得效果如何呢？"

她沉默了一会儿，显然陷入了深深的思考之中。这个问题似乎触动了她的内心，让她开始反思自己过去的行为和沟通方式。我静静地等待，给她足够的空间和时间，去探寻自己内心深处的答案。

接着，她发现，面对金钱，她老公其实是自卑和无力的，因为他觉得自己无法在经济上做出贡献，所以选择了逃避。而她内心深处也早已察觉老公的这种自卑与逃避，所以她总是小心翼翼，试图以自己的方式维护他脆弱的自尊心。然而，正是这种过分的小心与迂回的处理方式，使得金钱问题在他们之间变得异常敏感，甚至成了一种难以触及的禁忌话题。

看到这些，她感到如释重负，觉察之后往往更容易引发积极的改变，我鼓励她抓住机会，与丈夫进行一次直接而坦诚的对话。

在一个周末的晚上，家里只有她和老公两人，他们都喝了点红酒。在两个人都微醺的氛围中，她开始尝试好好地说："老公，过去在金钱的问题上，我可能没有与你进行足够直接的沟通。但这个问题对我们俩来说都非常重要，我希望我们能够开诚布公地谈一谈。"她老公对这个开场感到惊讶，但也很欣慰，于是两人展开了一场深入而坦诚的交流。经过一番沟通，他们达成了许多共识。老公承诺会承担起一部分家庭经济支出，每月支付固定的家用开支；同时，他们还决定建立一个共同的家庭财务账户，共同商量和管理家庭开支。此外，他们还约定以后遇到任何关于金钱的问题，都会把它当作再正常不过的话题来直接沟通。

听到他们的改变和进步，我由衷地为他们感到高兴。在婚姻中能够自如地谈论金钱问题，意味着他们的关系又向前迈进了一大步。

然而，婚姻中要处理的金钱问题总是在变化，工作的变动、孩子的教育费用、退休计划以及照顾年迈的父母。重要的是夫妻双方要像一个团队那样共同处理和面对各种问题，以下的几个小方法也许可以在这个过程中给大家一些帮助。

1. 平等直接的沟通

这一点在所有的关系里都是基本的，在女强男弱的婚姻关系中更加需要重视。不要互相猜忌，不要进行无谓的内耗，找个合适的时机，两个人聊聊彼此的金钱观，聊聊各自看重什么；坦诚地交流彼此的收入、支出、债务和资产等情况。告诉对方，你在家庭财务中的担忧和期待，表达你真实的感受，也鼓励对方这样表达，多倾听少评判。

2. 建立家庭财务账户，定期召开家庭财务会议

通过这个账户，让双方都能清晰地了解家庭的收入、支出、资产和负债情况。同时，双方还可以利用这个账户来制定家庭预算、储蓄计划和投资策略等。公开透明的方式不仅能让彼此有更多的了解和信任，还能让双方都对家庭的财务状况有掌控感。

3. 学会尊重和妥协

我们需要知道，人和人对待金钱的态度和价值观是不一样的，比如一方可能更节俭，更有意愿储蓄，而另一方可能更注重生活品质和即时消费。你不需要放弃自己的观念，而是要在某些事情上适当妥协，尊重彼此的差异。比如，节俭的一方可以为了提高生活品质而增加一些支出，注重生活品质的一方也可以为了储蓄而适当控制当前的消费。

4. 庆祝小成就

为你们的家庭财务建设创造一些仪式感,当你们共同达到某个财务目标时,不妨庆祝一下,吃一顿烛光晚餐,互赠一份特别的礼物,或者来一趟想走就走的旅行,重要的不是形式,重要的是给对方和自己的认可和感激,更重要的是准备好一起去创造下一次的成就。

2.6 亲密关系里,如何强大而不强势

作者:刘夏

强大和强势,虽一字之差,意思却大相径庭。

当我们称赞一个人强大时,通常是指其内心坚韧、自信且充满力量;而当我们说一个人强势时,往往是指其试图控制和主导他人,以达到自己的目的。在婚姻关系中,这种差异尤为明显。一个强大的伴侣能够给予另一方安全感和足够的支持,共同面对生活中的挑战,这样的伴侣懂得尊重和理解对方,愿意倾听对方的声音,而不是一味地强调自己的意见和需求。相反,强势的伴侣则可能试图控制对方或家庭的一切事务,导致另一方感到压抑或想要逃离。

有一个有趣的关于铁娘子撒切尔夫人的故事。有一天撒切尔夫人回家,忘记带钥匙了。她一边敲门,

一边大声说:"开门,我是英国首相撒切尔。"但是,敲了半天门,她的丈夫丹尼斯·撒切尔爵士也没有给她开门,撒切尔夫人马上明白了,于是她说道:"亲爱的,我是你的妻子玛格丽特,开门吧!"她的丈夫立刻打开门,并且大大地拥抱了她。短短的一个故事,我们看到了两个截然不同的身份。一个是雷厉风行的女强人,一个是温柔的妻子。相信很多人在婚姻中,都喜欢温柔的玛格丽特女士,而不是强势的撒切尔夫人。

然而,很多职场女性可能会在无意识中把她们说一不二的做事方式和习惯带到家中,成为婚姻中的强势伴侣。拥有一个强势的妻子是什么体验呢?在知乎上,对于这个问题,一个高赞答案说,一个强势的女人很容易摧毁男人的精神。

我的一位客户正面临婚姻危机,原因就是她的伴侣觉得她太过强势。他们夫妻双方都是名校毕业,工作都很不错,但他们的沟通一直都是个很大的问题。她找到我的时候,她的老公已经拒绝跟她沟通了,这种沉默让她极度挫败,挫败之下,她反而开始了更多的要求和攻击。对,要求、攻击、指责和提条件是她在这段关系里的沟通常态。我们可以来感受一下她的表达。

"你作为一个老公,难道不应该承担起责任吗?夫妻之间需要有更多的时间相处,婚姻关系难道不需要经营吗?"

"你作为一个爸爸,难道不应该多陪陪孩子吗?我也是第一次做妈妈,我怎么从来不用别人教?你如果不会就去看书去学习啊!"

"你怎么又在玩游戏,你有时间不能看看书吗?你难道想让孩子觉得爸爸成天只知道玩游戏吗？你真的为孩子的成长考虑过吗？"

而她的老公常常用两句话回应她："你不要总是站在道德制高点来说事情。""你不要教我怎么做事。"

听到这些，我感受到一种沉重的压迫感和紧张的对抗气氛，他们似乎陷入了一场无意识的权力斗争。如今，他们的关系就像一场无休止的猫鼠游戏，一个追，一个逃，陷入恶性循环。她的丈夫多次表示他感到这种关系他无法承受，这种关系对他来说已经变成了一种负担，最终他提出了离婚。

坐在我对面的她，虽然显得有些憔悴，但语气依然坚定而强势，仿佛每一句话都蕴含着一种难以妥协的力量。然而，在经过几次深入的对话后，她逐渐放下了心中的防备，语气也变得柔和了许多。她开始敞开心扉，分享她坚硬外壳下隐藏着的柔软一面。一个在婚姻中表现强势的人，或许都有着我们不曾了解的过去和经历，而这份强势背后往往是深深的不安与自我防御。她也是如此。

当她指责老公不花时间经营他们关系的时候，实际想说的是：我想我们有更多的时间待在一起，你可以多陪陪我吗？

当她命令老公多陪孩子，多看书少玩游戏的时候，实际想说的是：你对孩子的成长非常重要，如果我们有更多的家庭时间就好了，孩子和我都很需要你。

当她看到这些躲在自己外壳下的"内在小孩"的时候，她的眼眶湿润了，那眼泪是一种释放也是一份允许、一种放下。

我问她："是什么让你不能直接表达你需要他呢？你在害怕

什么？"

她陷入了长长的沉默，仿佛在努力地寻找答案。

她带着一丝不好意思说："好像表达需要对我来说是件挺难为情的事，当我直接表达的时候，总感觉这样做显得自己挺弱的。如果对方拒绝我，我不知道该怎么面对。那种被拒绝的感觉，就像自己被无视和轻视了，自尊心会受到很大的伤害，我不喜欢这种感觉。"

话语间她有一瞬的停顿，仿佛是在给自己一些时间消化这些想法。然后，她深吸了一口气接着说："不过，刚刚把这些话说出来，我感觉轻松了好多。其实我并不想失去他，所以，也许我可以试着做一些调整。"

她的声音虽然还带着些许的颤抖，但却透露出一种前所未有的坚定和勇气。她已经迈出了自我反思和探索的第一步，这是她挽回婚姻的重要转折点，更是她走向内心真正安全感的开端。

她开始直面自己的内心，勇敢地表达自己的需求和感受。仿佛穿越了一场内心的风暴，从无意识的强势中解脱出来，找到内心真正的力量，从而给他们的关系带来了尊重和爱。她不再是那个强势的她，而是变得更加坚韧、更加充满力量。他们的婚姻也开始慢慢焕发新的生机。

愿我们都能像她一样，在婚姻的道路上不断成长，学会用爱与尊重去呵护彼此，愿我们强大而不强势，能够被温柔以待。

最后，分享一段文字，也许可以给你启发与力量：

"爱是恒久忍耐,又有恩慈;爱是不嫉妒,爱是不自夸,不张狂,不做害羞的事,不求自己的益处,不轻易发怒,不计算人的恶,不喜欢不义,只喜欢真理;凡事包容,凡事相信,凡事盼望,凡事忍耐。爱是永不止息。"

2.7 幸福的婚姻，是每一个人都可以做自己

作者：刘夏

写到这一章的最后一篇，老公就在身边，我问他："你觉得我们算女强男弱吗？"

他马上回答："嗯，现在看，是的。"

我又问："那你感觉怎么样？"

他又很快地回答："我觉得还好，每个人的高峰时期是不一样的，过去我好一点，现在你更出色一些，未来也许还会变化。重要的是，当我们自己处在峰值的时候，多一点对对方的理解。"

毫不掩饰地说，我都羡慕自己有这样一个老公。他在某些方面或许并非完美无缺，但在我们十年的婚姻里，他几乎从来没有主动要求我改变什么，他说每朵花都有自己的花期，做自己就好。

作为一个小小的"女强人",我也曾不可避免地陷入了试图掌控和改变他的困境中。我曾深信一个观念:夫妻是一个整体,为了关系的长久,双方必须不断妥协。然而,在跟老公相处、教练的觉察过程中,我逐渐发现了这个信念的两个误区:第一,夫妻并非真正意义上的"一体",我们都是独立的个体;第二,婚姻中的妥协不是单方面的牺牲和顺从,而是双方都能接受和理解的调整与改变。

这要从我们的个性说起。我是一个E人(外向的人),而他是一个典型的I人(内向的人),我喜欢聚会,每到周末或节假日,我总是想要安排各种出行活动,邀请朋友们一同欢聚;而他喜欢宅在家里,喜欢安静地待着,看书、"刷"视频、玩游戏,极度讨厌人多的地方。起初,我对于他这样的生活方式感到难以理解,所谓"读万卷书不如行万里路,行万里路不如阅人无数",他每天宅在家里又能有什么乐趣呢?而且既然夫妻是一体的,就应该共同分享生活的每一个瞬间才是。然而,现实中的差异和冲突却不可避免地在我们之间产生了。每当我想要拉着他一起参加聚会或是外出旅行时,他总是会显得有些勉强和不自在,而我也常常因为他的不配合而感到失落和沮丧。几次之后,我们觉得必须坐下来认真聊聊了。他告诉我独处带给他平静,让忙碌了一周的他重新获得力量,我也跟他分享了外出和社交活动带给我的快乐和满足。最后我们决定,不再试图改变彼此,而是找到一种让两个人都满意的生活方式。

后来，我们真的找到了这样一种绝佳的方式——徒步。这项活动既满足了我对户外的热爱和对自由的向往，又能够让他在人少的自然环境中找到属于自己的清净与安宁。在平常的日子里，我依然可以呼朋唤友，参加各种社交活动；而他则可以安心地宅在家里、享受那份属于自己的独处时光，各得其所。

意识到婚姻里每个人都是独立的个体，尊重彼此的独立和边界，是我学到的重要一课。在婚姻中允许对方做自己，意味着尊重对方的独立与个性。很多时候我们只是选择的表现方式不一样，请相信，当爱在流动的时候，我们总能找到双方都满意的方式，而不需要改变对方。

另外一个故事则让我深刻地体会到了理解和接纳的力量。我身边有一些朋友，当他们想要追求职业上更高的发展的时候，想要去学习一个新东西，或者发展一项新的兴趣爱好的时候，她们常常会因为丈夫的不理解或反对而受阻。她们会说："我老公不会同意的，他希望我多花一点时间照顾孩子和家里。"我从来没有过这个困扰，相反，我总是被老公鼓励着去尝试更多，挑战更多。

记得我刚加入这家创业公司的时候，经常加班到很晚才回家，一辈子作老师的公公婆婆很难理解和接受，他们私下跟我老公抱怨我的工作怎么这么忙，孩子都不管了。你猜，我老公是怎么回应的？他说："创业公司的工作节奏和事业单位不同，她现在面临很大的挑战，而且她在人力资源这么重要的岗位，忙是正常的。你们不要去跟她念叨了，辛苦多担待点。"听到这些话，一股暖流涌上我的心头，这一份理解和承托给了我往前冲的勇气和底气。

后来我决定读商学院、学人生教练、学网球,他都没有任何怨言,而是和公婆一起帮我分担照顾孩子的任务;每年在我们家还有一个默认"我放假"的自由的时间,就是参加十年前在公司组建的羽毛球协会的聚会,这是我可以"夜不归宿"的时间。

当我写下这段文字,回忆起这些经历的时候,内心充满了感激和感动。在婚姻里,我依然可以有追求自己理想和兴趣的自由,是因为我的老公理解我心中的渴望,允许我去追求,接纳我所做的每一个选择,正是这份理解和接纳让我卸下了女战士的铠甲,变成了一个傲娇而幸福的小公主。也正是这份爱和包容,让我们的感情变得深沉且坚定。

当我们选择和一个人步入婚姻,一定是我们相信,两个人在一起可以创造一个人没有的快乐和精彩。我选择你,是因为你与我不同,你的存在为我打开了一个全新的世界,而如果我们在一起后,我却试图将你变得和我一样,那不仅是对你的不尊重,也是对我自己选择的否定。

我们互相理解,不仅是理解对方的独立性,更是理解对方的选择和决定,这让我们都能保持自己的独特性,同时也让我们更深刻地理解和接纳彼此的不同。这样的婚姻不仅仅是一种契约,更是一种灵魂的交融,我们在其中找到了真正的自我,也找到了与另一个灵魂的深度连接。

最后我想分享一首舒婷的《致橡树》,愿我们都可以在这纷繁复杂的世界中,既包容又独特,既独立又有人相依。与你的伴侣彼此滋养、共同成长,在爱与理解中绽放最真实、最美好的自己。

我如果爱你——
绝不像攀援的凌霄花,
借你的高枝炫耀自己;
我如果爱你——
绝不学痴情的鸟儿,
为绿荫重复单调的歌曲;
也不止像泉源,
常年送来清凉的慰藉;
也不止像险峰,
增加你的高度,衬托你的威仪。
甚至日光,
甚至春雨。
不,这些都还不够!
我必须是你近旁的一株木棉,
作为树的形象和你站在一起。
……

练习1：家庭关系改造计划

在这一辑中，我们讲到了好的家庭关系，源于每个人都能做真实的自己，以及彼此之间建立理解、倾听和赋能的关系。

邀请你根据这三个维度，做满意度打分，并在打分的基础上，做关系觉察和改进计划。

维度	满意度打分（每个维度满分是10分；非常不满意是1分）	满意的部分有哪些？	期待到几分？	具体的行动计划
激发每个人有自己的小梦想				
允许情绪，并建立情绪边界				
用认可和看见，激发每个人的正向能量				

练习2：每日肯定认可练习

从下面罗列的词语中，每天圈出一个你认为伴侣具有的特征，可以是过去也可以是当天表现出来的，如果超过一个，你可以在第二天的练习中更换。当然你可以用自己习惯的表达来决定这个特征词语，列出与该特征相符的实际事件，把这个特征和事件按照下面的格式写在你的笔记本上，并带着喜悦和感激的心情分享给你的伴侣。

你可以用这样的句式开头："我欣赏你……"

钟情	勇敢	聪明	细心	得体
慷慨	忠诚	诚实	强壮	精力充沛
性感	有创造力	果断	有想象力	有趣
有条理	足智多谋	支持	体贴	幽默
负责任	善于表达	投入	计划满满	节俭
谨慎	爱冒险	善于接纳	善于倾听	可靠
靠谱	热心	有男子气概	仁慈	温柔
务实	朝气蓬勃	机智	无拘无束	英俊
美丽	富有	沉着	好伴侣	好父亲(母亲)
通情达理	灵活	强大	可爱	自信

特征：_____　　事件：_____

辑三

向前一步，
自定义你的职场

Compilation 3

3.1　家庭和工作不能平衡的真相

作者：朱琼

平衡工作和生活，历来是职场女性的高频痛点，更是每一个有孩子的职场妈妈们，一直想努力实现的生活。不管是照顾好家庭，还是实现职场上的成功，都不是容易的事，何况要同时兼顾。双重的负担让职场女性经常很疲惫和辛苦。一旦遇到孩子生病或升学等特殊时期，更是觉得时间精力被挤压到没什么自我空间了。

同样作为职场妈妈，我特别能理解这样的不容易。也正因为这份共情，有时候面对一些朋友的吐槽，我也不太好意思说出一些真相。工作和家庭自然是无法在每个当下获得平衡的，只能在一周或一个月等相对长的时间维度上，获得一定的平衡。但如果长期失衡，那不是你不能平衡，而是你内心可能并不是真的想要平衡。

我有一类客户，他们来的时候都是吐槽家庭如何消耗自己，每日疲于满足孩子和另一半的各种需求，为此工作都耽误了许多。在我们的对话中，我发现大家总是一边抱怨事情多，一边却不选择放下一些事情。为什么会有这种矛盾的心理呢？让我们走进小丽的生活看一下。

接到小丽的电话，是因为她的朋友一定要她来找我。小丽刚离婚，正准备好好做事业，在她人生的转折阶段，朋友希望她能在教练的支持下，以更好的状态过上新生活。

第一次通话，她一边在游乐场带孩子，一边跟我分享自己的近况，从刚开始吐槽自己活成了老妈子，每日睁眼就是家务和孩子，到吐槽还住在家里的前夫，什么也不干，每天还得给他洗衣管饭，打扫他的书房，给他整理、打印文件。看她在游乐场，我也没有深入进行灵魂拷问，只是留了个小任务，希望接下来一周内，她可以记录一周内做的事情，有多少是自己真正想做的，有多少是强迫自己去做的。如果是后者，那问问自己，是什么让你强迫自己去做这些事情。

任务才到第二天，小丽就迫不及待地给我发来语音："天啊，我发现居然没几件事是我自己真正想做的。尤其是为我前夫做的，我一件也不想做，但我居然一直在做！"

"恭喜你，当你看到这些，就有了改变的可能啦！那你知道是什么让你一直为前夫做那么多吗？"我问小丽。

小丽的语音又发了过来:"是我一直想着还有没有复婚的可能。我还没做好充分的准备独自去面对生活,内心的恐惧让我想讨好对方。但是我真傻,我都对他失望透顶了,为什么还要寄希望在他身上,我应该大踏步去搞我自己的事业,让自己尽快独立和强大起来。"

后来,小丽再也不在自己的房子里为前夫做事,并让对方尽快搬离。两周后,我也在她的朋友那里听说小丽已经认真搞起了自己的事业,非常积极向上和有行动力。

这个教练对话并不是专业的完整对话,但却非常有意思,没有多深奥的探索和分析,只是让客户停下来,去面对一个自己没有看见的真相,改变就发生了。人的行为,有时候是被自己内心的底层需求和恐惧害怕驱使的,这样就看不到自己真正想要的,一旦看清楚了,就会做出有意识的选择。

小丽的案例里,她因为想要被爱,而用过多的付出来挤占自己的时间和空间。影响工作和生活平衡的,还有一些其他心理底层需求,比如:证明自己是被需要的,自己是重要的,家庭、团队离开自己就会不行或者干不好,又或者是证明自己的价值或获得成就感。

如果我们陷在家庭和工作长期失衡的状态里,大概率就是这些需求在控制我们的行为。心理学家荣格有一句话,潜意识正在操控你的生活,而你将其称为命运。想要成为自己思维和心智的主人,首先需要看到潜意识的运作,重新思考和选择:我到底想要什么?什么才是更重要的?

遇到家庭工作无法平衡的时候，或许你可以先记录自己的时间分配，然后看看哪些事情是你其实并不想做，但又一直在做的。这背后是什么驱动你一直在做？如果不去做这些事，你会担心什么？

找到一些答案后，再来看看你想要的平衡，到底什么才是对你更重要的呢？由心而发，放下该放下的，拿起该拿起的，做自己人生的掌舵者！

工作和家庭的撕扯，如何轻松智慧地应对？

我曾收到过一个小红书粉丝的留言：我想跟老板提出休假，老板不同意该怎么办？

细问之下，原来对方是刚休完产假的新手妈妈，每天跟孩子分开去上班都非常不舍和内疚，于是不想去上班了。

看完这位粉丝的留言，我的记忆一下子拉回到了我生完老大的时候。第一次做母亲，心里充满了母爱，当看见孩子天使般的脸蛋，躺在我的怀里一脸满足和安宁，真希望把所有的爱都给她。

等到孩子大了，自己也该去上班时，我经常要面临撕心裂肺的离别时刻。记得有一天上班后，突然接到婆婆的电话。电话另一端，孩子问：妈妈，你去哪儿了？

我说：妈妈在上班呀！

另一边的孩子突然边哭边喊：我想你了，你现在给我回来。

给孩子解释妈妈得下班了才能回来，结果孩子的哭声越来越大，号啕大哭：我不要，我要你现在就回来！！

第一次做母亲，真的听不得这样的哭声。电话这一端的我，眼泪也忍不住掉下来了，对孩子既心疼又内疚。

作为一个职场女性，这样的愧疚时刻，我相信很多人都有过。我们总是希望自己能在工作上独当一面，有所成就和价值，同时也能照顾好家庭和孩子，生活上幸福美满。

曾经的我，也在这样的期待中，把自己逼得很紧，希望自己把每一个角色都做到最好。工作中我每年都在思考如何创新，如何把项目做到有价值，得到老板的认可。下班就会立马回家，带孩子出去玩、读绘本，研究孩子怎么吃才健康……除了这些，我还要研究自己需要增加哪些本领，才会获得更多的职场机会，所以也给自己报了一些学习班。

力争每一条都做到满分的我，一天下班的路上，突然感受到了自己的疲惫不堪，我问了自己一个问题：我的人生，就要这样过下去了吗？

不，我不甘心就以这样的方式走完一生。于是我开始寻求解决办法。

我想我大概是时间管理有问题，于是我去学习时间管理的课程。老师说，时间管理的本质是搞清楚自己想要活出什么样的自己和人生，然后将不同的事情依照自己需求的重要程度排序。

好吧，原来要先搞清楚自己的内心，于是我又去学习了心理咨询和人生教练相关的课程。

在学习人生教练课程的过程中，我逐步打破自己原有的思维方式，不再担心自己做不好或得不到认可，更放松更自信的我也勇敢地离开了央企，去了一家世界500强外企推行教练文化。有一定影响力以后，我又成功创业，创办了一家教练机构。工作虽然忙碌，但老公和孩子们一直支持我,与此同时,两个孩子积极阳光,学习优秀。我的亲密关系也经营得充满爱意,我成为大家口中圆满的"人生赢家"。如果说这些年我做对了什么,让工作和家庭可以相对圆满,我大概会总结为以下几点:学会让子弹飞一会,做一个不那么负责任的妈妈;学会借势;把自己活精彩。

1. 让子弹飞一会

生活中,但凡出现一点状况,我们就很容易陷进问题里,想要尽快解决它。一听到电话那边孩子的哭声,马上就会生出母亲的内疚感,立马开始想:怎么办?我该如何满足孩子的期待?

孩子见到陌生人就害怕,我们立刻就觉得糟糕,这么胆小怎么办?

孩子怕水,就是不敢游泳,怎么办?

生活中总是会遇到各种问题,每当问题出现在眼前时,我们就会焦虑不安,不知该如何解决,担心自己解决不好怎么办?

在处理这些问题的过程中,我慢慢学会了让这些问题先存在着。

孩子哭着让我回去,我满怀内疚,但我也知道:我更希望自己能有一份工作,而不是当一个全职妈妈,一旦我重回职场,那么这样分离的场景一定会存在。不仅是现在存在,等孩子上幼儿园的时候、上大学的时候,甚至他长大后出国留学、结婚生子的时候,我们终会分离。

我的理性告诉我这样的合理性,但我的感性依然让我愧疚,于是我停下来面对自己的内心，对自己说：我不是一个100分妈妈，对不起，孩子，妈妈需要工作。

说完这句话，我似乎放松下来了。那一刻，我明白了，面对愧疚，我们最需要的是对自己的一份谅解。

还有一段时间，孩子见到陌生人就害怕，老人总是担心未来孩子会不会社交能力很差。

我假装没有看见这个问题，继续以身作则跟周围人保持交流，时不时跟一些朋友聚会玩耍。营造一个不批评、不指责的环境，带着相信和榜样的作用，一段时间后，孩子对陌生人没有那么害怕了。

在育儿的过程中，我明白了无为而治并不是真的无为，而是创造一个宽容和信任的空间给孩子。如果我们想让孩子阳光自信，就示范给孩子看，当他们做到的时候，及时认可他们，让孩子在一个有营养的环境里，按照自己的节奏成长。

2. 学会借势

不知道你是不是跟曾经的我一样，总是把所有的责任都背在自己身上。在家里，所有大事小事都要自己去做。工作上，也不轻易向别人求助，或者向别人表达自己遇到的困难。在我以前的想法里，我觉得自己的事情就该自己独立做完，而且必须做好！

很多年，我都用独立、坚韧、认真负责来形容自己，直到出现婚姻危机那一刻，我才看到这些形容词的背后，其实有一个不喜欢示弱的自己，不想把自己的"不行"和"疲惫无助"展示给别人看。

都说孩子是来让父母修行的,我这个修行,真的是在育儿过程中一点点进行的。

最开始的时候,家里总是听到此起彼伏的"妈妈""妈妈",一会儿"妈妈讲故事",一会儿"妈妈抱"。因为陪伴孩子的时间最多,孩子在我面前很有安全感,也更加愿意向我提自己的各种需求,于是我就更忙了。

直到我意识到自己没有一点自己的空间,身体和心理都很累了,我决定开始改变。我告诉老公,因为缺少锻炼,我的身体开始不舒服,尤其是腰经常酸痛。我打算每周安排瑜伽时间,重新恢复孕前的运动习惯。

老公答应了,于是我们确认好我出去锻炼的时间,他来陪孩子。

几次锻炼下来,我发现我不在家的时候,地球依然转得好好的。

再后来,我又有一些学习班想参加,因为这些班的上课时间都在周末,所以我又跟老公沟通这件事情,可能一些周末需要他多陪孩子玩。

再后来,公司安排出差,我出门好几天不回家。

然而,当我回到家,老公和婆婆都向我邀功:你不在的时候,你的宝贝们可乖了,以前不愿意刷牙睡觉,现在都很配合。早上起床也不哼哼唧唧了。

听到这些话,虽然感觉我在孩子面前的存在感少了很多,但是我也真的意识到，妈妈的过多保护和照顾，有时候也会让孩子沉浸在舒适区，养成依赖，甚至耍赖的习惯。

做一个懒妈妈、笨妈妈，孩子反而可能变得更加独立自信。所以呀，生活中，多向老公和孩子寻求帮助，把属于他们的空间还给他们，把属于我们自己的空间，还给我们。

3. 把自己活精彩

有句话说：一个女人把自己活幸福了，就把整个家庭活幸福了。经历过极为反差的两种生活后，我真正理解了这句话。

曾经的我，总把自己活在一个好妈妈、好经理的角色中，给自己强加各种要求和期待。完成一个目标，很快又给自己设定更高的要求和目标。压力之下，我根本没有幸福感，反而充满了负能量。那些持续的压力变成了不满、抱怨和指责，在家里，总是对老公呼来唤去。

每次走进书房，看见老公坐在那里玩游戏，对孩子的吃喝拉撒充耳不闻的时候，我就怨气外漏，也正是那段时间，我们的婚姻关系进入越来越冷的阶段。

当学习人生教练课程以后，我看到了疲惫不堪的自己，也看到自己一直都想证明自己的价值，想以此赢得别人的认可。这份看见让我开始转变。凭什么呢？我的价值为什么要让别人判定？我已经做了那么多突破自己的事情，我已经足够好了！我富有责任感，坚韧努力，敢想敢做，总是寻求更有挑战、更有意义的事情去成长，这些都是我的品质。

自信的力量由内而外开始生长，很快我就辞去不喜欢的工作，找到了一个满意的工作环境和老板，事业上进入正循环。生活中因为忙碌，我给了老公更多的自由发挥空间，他跟孩子走得更近，对自己参与育儿更有信心。于是我进一步放下一部分家务做甩手掌柜，做老公的啦啦队，认可他的付出和成果，夫妻关系也越来越好。

回头再看这个过程，我发现自己以前是活在了某个角色中，而丢失了自己。当我们只有角色，没有自己时，那是对自己内在需求的一种忽视，时间长了我们就会觉得委屈、疲惫。而当我们把重点放在活出自己时，我们是开心和满足的。家庭和工作，都服务于我们的愿景和期待，我们才是自己生命的主人！

在一场关于女性话题的演讲中，我曾经分享了这样一个主题：爱自己，就是送给世界最好的礼物！是的，爱自己，不是自私，而是把我们活成爱的管道，借由这个管道，可以把更多的喜乐和智慧分享给周围的人！

3.2 忙而不茫，你需要建立内心的秩序感

作者：朱琼

忙忙碌碌，手头总有做不完的事情，可是心里也是飘的，总感觉有根时间的鞭子在抽打我。一天下来，到了夜深人静，我甚至会想不起今天到底做了些什么。在现在这个快节奏的社会，我们不仅工作时脑子的运转速度特别快，而且因为平时接触的资源多、社会风向变化快，各种短视频和网络信息让我们一会想这，一会想那，导致专注力也越来越差。

不知从何时起，约朋友出来见面变得越来越难，就算大家出来见面了，在大家脸上经常看到的都是疲惫和焦虑。感觉每个人都在被生活的洪流裹挟，无法掌控自己的生活节奏。

越是在这样的时代节奏下，越需要我们具备建立

内心的秩序感、稳住心神的能力。否则，我们总是容易过度使用自己，不会给自己做减法和留白（一种绘画手法和技巧，指创作中留出相应的空白，什么也不做，给观者留下想象的空间）。

所谓内心的秩序感，是指你心里很清晰地知道目标的优先排序，以及不同目标，你希望在一定时间内达到什么程度。当我们知道了这个主线，很多无关的事情，或者不重要的事情，就不会再来抢走我们的注意力和时间。

我在跟一些高管客户做教练对话时，经常觉得特别轻松，他们思维敏捷，看问题通透，也愿意去反省自己，所以他们带来的疑问还是比较容易找到答案的。有时候教练结束，我问他们，你觉得教练带给你最有价值的是什么？他们会说："你让我有一个高质量的对话时间，让我从烦琐的事情里抽离出来，安静地思考那些对我来说真正重要的问题。如果没有你，我可能很难找到这样的时间给自己，人总是容易用战术上的勤奋，去掩盖战略上的懒惰。"

我特别理解这些高管的状态，我自己曾经有一段时间也是如此。人的工作、生活节奏快了，就像在高速路上行驶的车，很难停下来，而且还会越开越快。事情是做不完的，不会因为快，就可以少做点事。无意识地追求高效，沉浸在做事情里，只会给自己不断增加新的欲望。而要让自己摆脱这种状态，最好是建立内心的秩序感，我总结出了几个要点：一停二静三内观。

停，是为了从高速运转的状态里，让身体、心和头脑慢下来。如果它们一直都高速运转，就不能自我觉察，新的东西进不来。停，会为更多的可能性打开空间。

静，是为了让我们的头脑和心可以更多地从关注外界，慢慢回归到关注自己，去连接我们内心真正想要的东西，而不再被外界的评价和成功标准所裹挟。

内观，是为了重新审视自己最近行动和思考的方向：这个方向是我最想要最关注的吗？我目前的生活状态是自己想要的吗？下一个阶段我真正渴望什么呢？照见自己，叩问自己，向内寻找答案，能更好地锚定我们心的方向。

具体是怎么做到这几点呢，分享我的一点心得。

1. 每日根据自己的生活习惯，留一个时间用来"浪费"

我一般会用这个时间喝茶、熏香，以及闭目静坐，有时间我就会多静坐一会，没时间静坐几分钟也行。在静坐的时候，我也会问自己：今天最想如何度过？完成什么会让我对今天的生活很满意？我的这个仪式化时间，通常是在工作开启前。当我静坐完毕后，我会在纸上写下今天的待办事项，哪些是最重要的，哪些没那么重要。虽然这个小小的事情没有占用我很多时间，但我实践过后发现，它让我对自己生活的满意度和掌控感都提高很多。忙碌可以让我们感到充实，但只有秩序才能让我们感到满足。

2. 清晰的目标拆解

秩序感，很大程度上来源于清晰感。经常有学员一边忙碌于主职工作，一边开启第二曲线的学习。他们刚入学的时候，我问：

"你给自己多长的时间成为第二曲线的专业人。"大部分人会回答三年。但当他们开始了正式学习,我看着他们的状态越来越焦虑,还会自我否定,觉得自己不够好。这时候我再问他们:"你们跟谁对比,觉得自己不够好呢?"有时候他们也会被自己的回答逗笑:"跟老师们对比啊,我什么时候才能达到你这个状态呢?"而一旦把目标拆解下来:三年专业学习,到今年,我们只需要完成哪些,达到什么程度就可以了,我们就会发现,其实自己已经做得很棒了!与其看着一个又远又宏大的目标,不如盯着眼前能让我们更快达到的第一个目标。小阶段的胜利会让我们更有力量感和掌控感。

3. 阶段性地主动规划

每年、每月做一次时间规划和复盘。关于时间管理,你可能已经听过石头、沙子和水的比喻。是的,如果我们往瓶子里先放沙子,后面再想放大石头是很难的。所以在每年和每月,先把大石头放进去,再放我们的沙子和水,那么我们在做事情时就会有更好的秩序感。于我而言,主动规划,有时候也是驱使我主动复盘和思考的过程。复盘不仅仅是思考经验和感悟,把无意识的经历变成珍珠串起来,支持接下来要走的路。最重要的是,复盘也是一次核验,看自己是不是在创造满意的人生路上,以及下一步要干什么。然后再一次让我回到了内心的秩序感。

读到这儿,你也许已经发现了,秩序感不是被动地适应生活,而是主动地管理生活。它需要我们更有意识地去连接自己的心,清晰地定义目标,主动规划时间并将计划落地。当我们做到这些,生活的暖阳就会一点点洒在身上,满足、松弛、喜乐、意义感,都会回归我们的生命体验。因为,忙碌可以让我们感到充实,但只有秩序才能让我们感到满足。

守护自己的节奏,更要守护自己的能量

在忙而不茫的节奏中,我们既要守护自己的节奏,更要守护自己的能量。"内卷"这个网络词流行起来以后,我确实感觉身边的氛围在一点点变化。我所在的机构招生的每个班级,都在不断超越前面的班级。更快、更好,好像是我们这个时代的基本精神面貌,为了在竞争中获得更多的资源,我们不断提高自己的能力,从而加速竞争,取得竞争优势。

而这也让人们压力增大、内耗变多,身心健康受到影响。小雨是一个文静又上进的女孩,跟人说话,人们总会被她温柔的语调、友善的关心所感染。有一天,她突然来找我,跟我说她感觉自己快要枯竭了,想寻求教练支持,改善自己的状态。

在聊天中,我才知道这姑娘对自己有多"狠"。她一方面在进行工作转型,想要突破自己工作的瓶颈,所以做了很多新项目,通过做新项目来体现自己的价值。另一方面,她还报名参加了一个职业技能培训班学习新技能,为未来跳到一个新职业方向做准备。这个职业学习,不仅需要很多学习时间,还需要很多实践的时间。

几重目标的压力下,小雨不仅时间精力不够用,从她的讲述中,我还听到了很多的情绪内耗:担忧、焦虑,太多项目在自己手上,时间、投入度不够,担心项目做不好;自我批评和否定,为什么同学们学习都很投入,自己上课的时候,状态不佳;挫败,感觉自己跟不上学习节奏，是不是我不适合这个领域？生气，为什么自己总是达不到期待的样子！疲惫，已经很久没有休息好的小雨，特别想有一个什么也不做的放松的时间。

在我们的教练对话里，小雨看到了这些情绪，也看到自己需要停下来，给自己更多的时间，允许自己慢一点。我们对目标的重要性重新进行了排序，并给每个目标设定了一个合理值，做到什么程度就算完成基础目标了，不用每个目标都达到优秀的标准。

调整之后，小雨开始轻装上阵，她又回到了以前积极、平静和游刃有余的状态里。这样的案例并不是个例，像小雨这样的客户有很多，所以后来我们专门在课程开营时，会做一个活动帮助大家找到自己的学习节奏：请感知外界的速度、自己的速度，以及自己期待的学习节奏。在觉察的基础上，你会怎么做，让自己保持在自己的节奏里，而不会引发内耗？

这种做法，有点像马拉松比赛。1999年，巴黎的马拉松比赛中，主办方发明了"兔子"这个职业。兔子的学名叫配速员，是当时的主办方聘请的。兔子和参赛者们同时起跑，并且根据选手自身的配速和需要，引导选手们安全地完成比赛。

根据服务的选手的实力情况，兔子还分成了不同种类：领跑兔、配速兔和节奏兔。

领跑兔负责在比赛开始阶段带领参赛者，帮助他们进入状态。领跑兔的速度通常会略快于参赛者的平均速度，并在前几公里为参赛者提供一个参照。配速兔的任务是根据参赛者的平均速度和参赛者的需求，为参赛者提供配速服务。配速兔会按照预定时间和速度奔跑，确保参赛者能够稳定地完成比赛。节奏兔的任务是为参赛者提供节奏和速度变化的指导。节奏兔会根据参赛者的实际情况，提供呼吸、步频、步幅等方面的指导，帮助他们更好地掌握自己的节奏和速度。

有了兔子以后，每个参赛者，只需要把注意力更多地放在兔子的身上，跟着兔子的节奏就行。同样，在我们人生的马拉松里，你的"兔子"在哪里？你希望自己有一个什么类型的"兔子"？学会找到适合自己的"兔子"，何尝不是一种人生智慧！

3.3 "女性"不是一个标签

作者：杨海霞

在职场上，性别歧视是一个老生常谈的话题，即使在今天，女性在职场上依然面临许多挑战。比如，面试时，面试官可能会问你有没有男朋友。有男朋友的，他们会担心你很快结婚生子；没有男朋友的，他们又担心你是不是性格有问题，为什么没有对象？在职场中，如果你还没有结婚，老板担心你休婚假；如果结婚了还未育，那你想要晋升发展的门槛与其他同事相比就提升了不少，除非你特别优秀，否则一般老板都会担心你晋升后就开始休产假。

在很多公司，老板更喜欢招男生，因为他们觉得男生天生以事业为主，可以出差加班，而女生还要顾家，似乎女生天生就被定义在一个从属、服务他人的

位置。

前段时间有一档节目谈论"职场歧视"这个话题,一些有才华、有能力的女性在很多高精尖的职业中,正在遭遇不公平的对待。面对同样的机会,女性要比同级的男性优秀很多,才会得到晋升。

听说过"花瓶效应"吗?有些公司,喜欢把女性的颜值当成面试的一个标准,觉得长相一般就不能提升公司的形象,这种把女性当"花瓶"的行为,是典型的职场性别歧视。

拒绝职场性别歧视,女性不是标签!作为女性,我们需要活出自己的价值和力量,性别不能成为我们前进道路上的阻碍。把自己放在跟男性同样的位置,善用自己的优势,突破职场上的限制,重塑自己的生命。

权力和金钱,女性都敢想敢要

谁说权力和金钱只是男人的游戏?

在这个看似由男性主导的世界,女性总是在为争取与男性平等的权益而努力奋斗。如今,越来越多的女性开始勇敢地追求权力和金钱,她们不再满足于只是附属品的地位,而是让自己在社会和工作的舞台上大放异彩。从政界到商界,从娱乐圈到科技圈,女性用她们的才华和魅力证明了自己的实力。她们敢于挑战传统观念,敢于追求自己的梦想,成了这个时代的佼佼者。

在我出生和成长的那个年代,我的家族中的重男轻女思想如同一座无形的山，压得我喘不过气。我的表哥，只比我大半岁，却享受着长辈们的呵护与照顾，而我，只能默默地在一旁观望。这样的经历让我从小就明白，我想要的，只能靠自己努力去争取。

小学六年，我不仅是班长，还是大队长。这背后的付出与努力，是常人难以想象的。与班主任的交流、与各科老师的沟通，不仅锻炼了我的沟通能力，更让我积累了丰富的知识。每当遇到不懂的知识点，我从不畏惧，而是主动寻求答案，因为我深知，话语权是建立在实力之上的。

进入初中，我对自己的要求更加严格。作为班干部，我不仅要在一言一行上以身作则，还要在学习考试中名列前茅。然而，我的努力和企图心，却常被人质疑。在男性身上，这些特质被视为正向的品质，但放在女性身上，却似乎变得"不应该"。但我从未被这些偏见束缚，而是选择用行动证明自己。

工作十八年来，我在公司的职位晋升了7级，每一次的晋升都是对自我的挑战和超越。这个过程看上去是职位的差异，但更多的是认知和眼界的提升，每一次晋升的背后都是我想成为更好的自己，我想突破当下的局限。如今，我站在更高的舞台上，回望过去的路，我深感庆幸，庆幸自己没有被世俗规训和限制，庆幸自己选择了坚持追求自己想要的人生。

所以，追求权力并不是什么可耻的事情，相反，这是一种积极向上的态度。女人们应该敢于挑战自己，敢于追求自己的梦想。在追求自我成长的道路上，除了权力，金钱也是非常重要的方面。在传统思维下，男主外、女主内，赚钱养家是男性的任务，对于女性来说，只需要照顾好家人就行。但现代社会，更多的女性成为职场中的中坚力量，女性可以获得经济独立，实现自我价值。金钱不仅为女性提供了物质保障，更让女性在精神层面获得了自信和自主。女性通过掌控金钱，可以更好地实现个人梦想，追求自由的生活方式。

在我的教练对话中，探索与金钱的关系是很多客户的话题，许多客户都是经济独立的女性，却不愿意跟别人谈钱，似乎谈钱很庸俗，在探索与金钱的关系的过程中，我发现很多人对金钱有限制性的信念。例如，我不值得拥有更多的钱；金钱是肮脏的；有钱人都要付出很多代价；我无法改变我的经济状况；追求金钱会让我失去真正的幸福；我不擅长理财；金钱只会给我带来问题；我不能享受奢侈品或财富；金钱是罪恶的源头；只有拥有大量金钱才是真正的成功。

每次与客户对话，看到这些对金钱的限制性信念，我都会问：这些信念是真的吗？你看到的是真的吗？当你拥有这个信念时，你的内心对金钱是什么感受？这个信念带给你的人生影响是什么？如果没有那个信念，你的内在对金钱又会是什么感受，带给你的人生影响又是什么？

与客户对话之后，我们都发现，金钱关系的背后是我们与这个世界的关系，金钱是我们人生道路的朋友，跟这个朋友建立友好的关系，大声地跟这个朋友打招呼，会让我们的幸福指数更高。

我的一个客户，一直陷在没有钱又赚不到钱的情况里，他对钱又爱又恨，他的限制性信念是"金钱是罪恶的源头，是破坏家庭幸福的根源"。小时候，家里有钱让他的父亲有了外遇，家庭的幸福被破坏，所以他一直觉得钱是导致他家庭不幸的根源。当看到自己的信念后，他释怀了，因为他知道这个信念是错误的。当他坚持的信念有了缝隙之后，他跟金钱的关系和解了，他主动去寻找商机，现在已经开启了他自己的小事业。

我常常对朋友说，我爱钱，我不怕谈钱。作为女性，我知道钱对我来说是我独立的基础，是我安全感的来源之一。对钱的这份追求让我在工作之余开启了对第二职业的探索，因为敢于谈钱，我的第二职业的发展格外顺利，因为我敢想敢要，我会坚定地跟客户谈价格，因为这份坚定，让我收获了客户的好评！这是金钱能量的良性循环。

我们要相信自己有能力和潜力去争取自己想要的东西，不要让任何困难和挫折阻挡我们前进的步伐。相信自己、相信未来，我们一定能够在这个世界留下属于自己的精彩篇章！

如何善用女性力量，突破职场重围

当看到"女性力量"四个字时，总是容易让人联想到"女战士"的样子。自从我开始从事教练行业后，我遇见了非常多优秀的女性，我发现"女性力量"并不仅仅指女性的能量，更多的是内在的品质和智慧，例如坚韧不拔的精神、敏锐的洞察力、细腻的情感和出色的沟通能力等，这些特质使得女性在职场中具有独特的优势，能够更好地应对各种挑战和压力。

这些客户的问题基本集中在职场发展以及家庭生活的平衡上，而困扰她们的深层原因，其实是传统观念的束缚，传统的"男强女弱"的观念让她们在职场中给自我设限，而外界的性别歧视则会给她们的工作带来更多的困难。在面临工作与家庭的平衡时，她们往往选择放弃自己的职业发展，把更多的精力聚焦到家庭中，还有一类女性客户会要求自己跟男性一样全身心投入到工作中，但同时又会苛责自己不顾家庭，造成严重的自我精神内耗！

作为两个孩子妈妈的我，要管理1600多名员工，我常常忙得不可开交，因为我既想做好工作，又想多陪伴孩子。当我出差离家时，我总是担心孩子的爸爸无法照顾好他们，所以即使我在外地，我依然会电话遥控指挥孩子的爸爸，可能我的潜意识里就认为照顾孩子是母亲的天性，不相信孩子的爸爸具有照顾他们的能力。这样的模式其实会影响亲密关系，孩子的爸爸总是觉得我在挑刺和找茬，在照顾孩子的事情上他也越来越没有自信，孩子的爸爸经常说的一句话就是："既然你觉得我不行，那你来。"所以很长一段时间，我把自己逼到了丧偶式育儿的边缘，自己担负起所有的事情和责任！

这样的性格在工作中体现得淋漓尽致，回忆自己十八年的职业生涯，我似乎从来没有因为女性这个性别而受到差别待遇，我常常自嘲："做运营的女人，是把自己当男人用。"所有似乎是男人该做的事情，例如出差、加班、熬夜，我一样也没有落下。在职场中，我并没有因为自己的女性身份，就要求有不一样的待遇。我会跟男同事一样严苛要求自己，这十八年里我生养了两个孩子，休了两次产假,但在晋升或者工作评估时,看到老板用一样的评估标准要求所有人,我也会要求自己不可以示弱。当同事用晋升速度去评判我和男同事的能力差异时,我还会怀疑自己是否能力不足。现在回看,这显然是不公平的。然而,是什么让我一直用男人的评判标准评估自己呢?

回看这段旅程,我意识到社会认知和自我认知的混淆,社会的声音总是在说男女平等,但传统的男主外女主内的思想却一直影响着我们。在原始社会,因为捕获猎物需要强健的体魄,所以男人们肩负着狩猎和防御的责任,而女性更多的是采集野果和野菜,同时因为生育留在部落里照顾孩子,这样的分工在那个年代非常合理。但现代社会里,女性早已经跳脱生育的限制,可以在职场跟男性一起打拼,但这种传统思想的影响依然存在。当我们的自我认知可以不受很多世俗影响,当我们知道这只是分工不同而已时,女性就可以重新审视自己的工作和付出了。

在被我教练的女性高管中,有一位客户曾跟我分享这样一个故事。她所在的团队基本都是男性,她是为数不多的女性。平时她一直没有发现自己的重要性,但有一次团队聚会,她因为宝宝生病临时请假,第二天去上班时,几位男同事跟她说,昨天晚上5个男人尬聊了3小时,感觉她不在,他们团队就像齿轮少了润滑油,无法丝滑地转动,而平时因为有她在,她能用自己的细腻共情在大家的对话中添加调和剂。这些反馈给她带来了新的视角,她开始意识到女性的智慧和力量是她最宝贵的财富。在后来的工作中,她常常利用她的性别优势帮助整个团队突破困境,当需要与客户委婉沟通而男同事们无法胜任时,她会用自己的女性智慧去与合作方沟通交流,结果基本都能达成团队的预期。

这让我也想到我最近的一段经历,在一次公司人员变更中,我需要和一位男同事共同管理一个城市的子公司,而我们彼此的性格差异很大。一开始合作时,我们就纷争不断,开会时我们总是互相嘲讽对方,我会用我的长处故意凸显他的短板,而他也会经常在老板面前吐槽我。虽然我们在同一个城市,但非必要,我们之间不会沟通。这样的状况让我们彼此都非常不开心,老板也经常需要像个和事佬一样调解我们的矛盾。

在我学习人生教练之后,这段经历特意被我拿出来当案例分享。表面上我很强势,其实我的内心是脆弱的,是需要被看见的。与那个同事合作时,我在用盔甲保护我自己最柔软的地方,可是我不知道,其实我内心最柔软的力量才是我的优势。

在一次团队会议之后,我把他"堵"在会议室,主动表达自己在与他搭档的过程中做得不太合适的地方,好胜的性格导致我在管理中比较强势,但这些都不是我的本意,我希望未来双方能更轻松地一起工作,能跟他有更多的合作。一开始男同事还是双手抱胸、保持距离,对我一副敬而远之的模样。听我说完之后,他下意识地放下了双手。接下来的对话顺利地进入了我们双方互相理解和支持的方向,现在他也成了我最好的兄弟。在最近的城市项目中,我们主动扛起了大旗,我们在公司进行成果分享时,我主动表达这个成果是我们俩共同完成的。

这样良好的人际关系等于给自己创造了和谐的工作环境,也让我从一个满身是刺的紧张状态中抽身出来。现在的我在工作中，更像是轻松自在的精灵，可以应对各种挑战，也能真正在工作中实现自我价值。

女性一般拥有敏锐的洞察力和直觉，大部分女性能操持家务，把家庭打理得井井有条。女性一般具备耐心和细致的特点，这些特点有助于女性在工作中处理复杂的任务和细节。同时一些女性拥有精打细算和有效管理资源的能力，沟通技巧丰富。有时候温和的管理手段，更容易构建出色的人际关系，女性一般能及时关注他人的需求和情感，有同理心还愿意积极支持他人。当女性善用自己的优势，充分利用积极向上的女性力量，展示自身价值，而非被性别标签限制时，那么女性无论身在何处，都可以凭借自身的实力和智慧，突破职场重围，独当一面！

3.4 "用好"老板,享受轻松又高效的工作

作者:杨海霞

在竞争激烈的职场,有时候老板的一句话就能让我们的努力被看见,老板的一个决定就能让我们升职加薪,但说到老板这个角色,大多数人是敬而远之的,因为老板代表着权威,代表着我们的工作时间是被他人指挥甚至掌控的。经常有客户跟我说,想要离职,因为无法接受老板的工作方式,他们觉得,职场里,好同事容易得,好老板难得。"如何和老板相处"也是教练对话里经常被谈及的主题。作为打工十八年的职场人,我的心得是"'用好'老板,才是职场人的最佳方案"。

我刚进入职场时,总是害怕和老板单独相处,老板要和我沟通,我都要做非常久的心理建设,把电视

剧里对老板的刻板印象全部演练一次。如果老板对我的工作提出改进建议，我会认为他对我有偏见，故意挑我的毛病，他不信任我，似乎跟老板处于对立位置才是正常的。事实上，与老板相处的对抗模式让彼此都很疲惫，工作效率也很低。在某一个阶段，因为跟老板的对立，周边很多同事都开始远离我。在职场中，大家都会趋利避害，没有跟老板相处好，让我的工作一度变得非常艰难。项目推进困难，焦虑和失眠让我的情绪失控，我就像个刺猬一样，孤独地在自己的世界里徘徊。我一度想要离职，想要离开这个团队。

我遇见的客户中，情况如我之前这样糟糕的还是少数，大多数人只是不善于向上管理，不善于使用身边最重要的资源。面对老板这种权威角色，大部分人本能地会紧张，还会加上各种"心魔"不断干扰自己。例如，主动向上沟通，会给老板添麻烦？主动汇报太多，会不会让老板觉得自己能力不行？只要努力就能被看见吗？向上管理是爱表现、爱包装自己？向上管理就是拍马屁？这些干扰会让我们跟老板的距离越来越远，也会让自己的工作环境越来越糟糕。改变糟糕的工作环境，其实只需要改变我们的认知，抛开对立的预设，把老板当资源去使用。

"用好"老板的前提是先突破干扰自己的"心魔"，我看过一部电影，讲述一个所有人都觉得无可救药的班级和一个老师的故事。故事的开场很俗套，一个特别严肃的老师正追着一群逃课上网的学生，在这个过程里，老师和一个学生交换了身体。故事从这里开始发生转变。学生听到校长说，老师宁可放弃自己评选优秀教师的资格，也不肯去带其他的班级上公开课；而老师变成学生，看到他们被当成差生遭受的不公平对待。老师和学生间的一个个误解被解开，双方的真心被彼此看见之后，老师和同学开始和解。故事很简单，但带给我最大触动的是老师和学生之间彼此改变看法的过程。如果没有交换身体，彼此的误解能化解吗？回到现实，交换身体不可能，那如何在职场关系里看见彼此的真实意图，携手同行一起去实现目标呢？

我当时的自救方式是抛开身份角色的束缚，把对方当成真实鲜活的人去相处，看见彼此的盔甲和软肋。我主动翻看老板的朋友圈，工作之余，他也是一个普通人，他有自己的喜怒哀乐，他很真实。这个发现让我在日常沟通中，更关注他说话的表情和情绪，我发现我对老板的不满都源于从我自己角度出发看到的"事实"，而这些"事实"都是被我解读之后的内容，很多不一定是事实。为此我和老板做了一次坦诚的沟通，在对话里感受彼此的需求和期待，我发现卡在我们中间的不是事情，而是情绪。

后来，在工作中我和老板依然会遇到有冲突的事情，有时候依然会有应激模式，但是我们不再互相指责和抱怨，而是会主动表达自己的需求，彼此理解。当关系变化之后，我不必事事汇报，享有更多的自主空间，也让我对自己的工作有了更多的掌控感。更重要的是，那些本来远离我的资源又开始主动靠近我，因为老板会在各种场合替我发声，帮助我梳理各种人际关系。现在我和老板的关系更像是战友，彼此支持，我的工作也更加轻松和高效。老板还会支持我寻找自己热爱的方向，鼓励我学习人生教练，他让我找到了工作和生活的平衡，让我在工作和热爱中找到了真正的自由。

当然，在职场中，共情和彼此理解还不能让这个"资源"持续产生效益，所谓打铁还需自身硬。疏通完情绪，在处理工作层面，也需要有好的产出，我们需要不断提升自身能力与素质，以应对工作中的各种挑战，在工作中更好地发挥自己的价值，让老板觉得我们值得信赖。这样，老板的资源就会向我们倾斜，资源越多，工作自然能够事半功倍。我们能做好本职工作，努力去获取好的工作绩效和结果，这也是老板的成就和价值体现。

其实，周边的环境没有变化，人还是那些人，当我们把老板当成自己最大的"资源"，主动靠近、主动沟通，看见老板的不易和期待，老板也会看到你的不易和努力，老板心中的天平就会向你倾斜，你的工作自然就会变得轻松和高效！每个人的每个行为背后都有需求和动机，老板也是如此。我们与老板应真实坦诚地交流，看见彼此的需求，找到共赢的地方。

所以，把老板当成资源，其实只需要做好以下三点：①把老板当成真实鲜活的人相处，多看看他的朋友圈，了解他工作以外的喜好、他的脆弱和不易。在他提出目标和挑战时，能够支持他，让他的需求也被看见。②主动积极，小事报结果，大事报过程，让老板有掌控感和安全感。③做好自己，做好当下的工作，展现出好的绩效和结果，让自己有底气和老板沟通。

3.5 是金子总会发光,真的吗?

作者:刘夏

你想过真正的金子是如何闪耀出光芒的吗?

金子,并不是一开始就能反射出璀璨的光芒的。它得经过淘金者的辛勤淘选,水流的冲洗去除杂质,再经历高温的熔炼、锤炼和锻造,才能从原始的矿石变为易于保存和塑造的金块、金条。然而,即使到了这一步,金子仍然只是一块金黄色的物质,它还需要经过抛光、打磨等精细的工艺处理,才能在光源的照射下反射出令人炫目的光芒。

如果被灰尘遮盖或一直被深埋在土地深处,那么人们也无法看见金子的光彩。所以,金子的闪耀不仅需要经历痛苦的提纯过程,还需要在恰当的时机展现出来。

如李白，才华横溢的他，也曾四处游历，寻求机会，但多次碰壁，甚至一度陷入困境，直到中年，他的诗才逐渐受到人们的重视和赞赏，终成"诗仙"，为后世敬仰和欣赏。

然而，我也曾目睹许多与之相反的情形。有些人同样才华横溢，同样非常努力，却一直没有遇到伯乐。作为HR，我有幸负责过众多的管培生项目，其中有一位管培生给我留下了深刻的印象。每当想起她，除了为她感到惋惜，更多的是因她的情况而引发的思考。那是我刚进入互联网行业的时候，公司从国内最顶尖的高校，经过层层严格的筛选，最终招募了10位出类拔萃的学生，她便是其中之一。他们被安排在一起接受培训，参与各种项目实践。她很优秀，有着她那个年纪鲜有的成熟，她的思路很清晰，总是能迅速找到问题的症结，提出富有洞察力的见解。项目开始的时候，大家都非常看好她。然而，她并没有如大家期待中的那样在项目中崭露头角，成为团队明星，相反，她在团队中的存在感逐渐减弱，最终被忽视。

印象最深的是一个新产品的市场推广项目，为了让每个团队成员都能发挥自主性，考察他们的主动性和判断力，我们决定让大家自主报名承担不同部分的工作。当其他团队成员几乎在第一时间冲到白板前，争先恐后地写下自己的名字时，她却纹丝不动地坐在那里。我好奇地走到她身边，轻声问道："你怎么不去写上你的名字呢？再晚一点，重要的任务可能都被别人抢走了。"她淡定地回答说："没关系，让他们先选吧。"

她最终承担了大家挑选后剩下的极不起眼的角色和工作任务。

后来不仅是在项目里，在讨论会上她也是倾向成为沉默不语的观察者，很多时候，她明明有很好的想法和观点，却因为担心自己的想法不够完美或成熟而选择了沉默。她的这种被动，最终让她失去了进一步发展的机会，离职的那天她还给我发了消息："谢谢姐姐对我的照顾，虽然这次失利了，但我相信是金子总会发光的。"

看到这条消息，我的感受很复杂。她的才华和潜力是显而易见的，但因为没有主动展现自己，没有勇敢地去争取机会，最终导致了这样的结果。沉思片刻后，我回复了她一条信息。虽然只有简短的几个字，但却是发自内心地希望她能够明白，只有主动展现自己的光芒，才能在这个竞争激烈的工作环境中找到属于自己的舞台。我发的信息是这样的：是金子就要主动发光！

我们相信"是金子总会发光"，是因为我们坚信自己的内在价值。无论发不发光，我都是金子。即使在遭遇挫折、陷入困境或被忽视的时候，我们依然保持着金子的本质。重要的是，始终用金子的标准来衡量自己，以金子的态度来面对生活的挑战和机遇。

我们需要清醒地知道，仅仅依靠自身的价值是不够的，是金子就要主动发光！需要去寻找、发现并抓住时机，要善于借助外界之力，甚至需要更多地去创造时机，主动才有故事，只有站对舞台，才能绽放光彩。

3.6 别让回报配不上你的付出

作者：刘夏

是什么让你在职场上犹豫不决，不敢为自己大声争取？是不是内心深处"我还不够资格"的羞耻感在作祟呢？

总觉得"我不够资格""我还不够好"的羞耻感，让我们低估了自己的能力和价值。以至于在面对机会时，我们担心自己是否真的能够胜任更高的职位或承担更大的责任，怀疑自己的能力和经验是否足够应对新的挑战。

这种自我设限的心态不仅让我们错失了许多宝贵的机会，还阻碍了我们的职业发展和个人成长。

我的一个朋友也曾因此错失了一个向上一步的机会。那时候她是一个部门的负责人，因为工作努力和表现优秀，仅仅两年时间就从部门负责人晋升为公司高层的候选人。如果她顺利通过考察，等待她的将是公司一个事业部负责人的职位，这意味着她正式踏入了集团高管的行列。但她那段时间却不知道怎么了，莫名地开始退缩。招她进公司的高管来询问她的个人意向，问她："你觉得你管理这块业务怎么样？"她脱口而出："这么大的盘子，我感觉自己的能力还有些不足。"说完觉得有些不妥，她又补了一句："当然，如果组织相信我，我愿意试一试。"尽管说了愿意试一试，但内心深处她对自己的不信任却一天比一天强烈，一想到要直接面对CEO，要面对一整个合伙人团队，要面对一个更大的新环境，没有兴奋只有害怕。那段时间她常常在深夜给我打电话，她内心怀疑的声音一天比一天大："我怎么可能管理这么大的事业部，我才当上中层两年，我真的行吗？"这种犹豫和不安带来的直接影响是，她处理接下来的工作时选择了退缩。人是有能量场的，即使她没有在同事面前直接表达和流露自己的不自信，甚至努力克制这种不自信的想法，其他人应该也能感知到她的这种自我怀疑和退缩。最后的结果是她失去了这个机会，从而也失去了在这家公司的发展前景。

看到那些能力并不如她却坐上更高位置的人，我真心为她感到惋惜。她不是不够好，而是不够欣赏自己的好。然而，我们需要明白，鲜少有人在机会到来的时候能100%准备好，人生不是完美的旅程，重要的是我们每个人都有成长的空间和潜力，我们要看见自己的优势、相信自己的潜能，不管是遇到机会还是困难都不要担心、不要害怕；当我们开始相信自己的能力和价值时，我们就会勇敢地迎接挑战与争取更大的机会。

遗憾的是，当我们被羞耻感所困时，往往会丧失主动争取的勇气，这就应验了那句老话："会哭的孩子有奶吃。"有的人内敛而沉默，不哭不闹，不断自我反思、自我提升，总认为只有自己变得更优秀才有资格争取资源和晋升机会，却忽视了在职场中，合理表达需求和想法是每个人的基本权利。

亲爱的，要想让回报配得上你的付出，就得直面自己的羞耻感，直面自己内心的需求，勇敢地表达，去争去要！每个人都有追求更好的生活和更大的发展空间的权利。有时候，沉默不会带来你想要的，只有勇敢表达和主动争取，才能让梦想照进现实。当我们能够坦诚地面对自己的需求，并为之努力争取时，我们收获的不仅仅是自己在职场上的地位和价值，还有他人的尊重和认可。

3.7 内外破局,化身职场"狠"人

作者:刘夏

我们已经看到"老实人"面临的职场残酷真相,如果你也是其中一员,此刻你将如何选择?向前一步大胆破局还是退后一步凡事忍让?究竟什么方法才能让我们突破这种困境呢?下面这些建议将由内而外地帮助我们成为自己职场的主人,成为别人不敢惹的职场"狠人"。

1. 找到你真正热爱的方向

你的工作足够让你兴奋吗?足够让你每天都恨不得早点起床吗?你可能会说这样的状态太理想化了。因为常听人说,这只是一份工作啊!我们每个人平均都要工作三十年以上,每一天,工作占据了我们1/3

以上的时间。你选择让它只是一份工作，还是让它不只是一份工作？

当它不只是一份工作时，我们就会赋予它更多的意义和可能性，它可能是你的自我实现，可能是你理想和兴趣的载体。当你做着自己真正喜欢的工作的时候，你会快乐，而快乐本身就是工作最大的动力，你会愿意为此付出更多的努力。科比说："如果你热爱一件事时，你就会为它克服一切困难。"那究竟怎样才能找到自己真正热爱的工作或事业呢？请你来试试职业三环模型。

可以问自己这样几个问题：我的能力（擅长的）是什么？我的兴趣是什么？我能创造的价值回报/我的机会是什么？

继续通过问自己问题，来发现自己真正的兴趣：

——我是不是很喜欢做这件事，做起来是不是很愉悦？

——我做这件事时是不是很有激情，总是迫不及待地想要做这件事？

——这件事如果让我做一辈子，我愿不愿意？

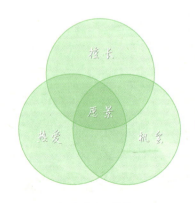

职业三环模型

每一个问题对应一个圆圈，把你的答案写进圆圈里，最佳的职业是你的兴趣、能力和你能创造的价值回报的交叉点。乔布斯、德鲁克、巴菲特，各个领域的成功者都告诉我们：做自己喜欢的事！因为人生只有一种成功，就是用自己热爱的方式过一生。

2.善用职场杠杆，会做更要会说

很多人每次听到有经验的职场人说要学会表现自己的时候，会说：

"我不在乎，我只想好好把活干好，问心无愧就行了。"

"我最讨厌那种咋咋呼呼的人，一心只想在领导面前表现自己。"

这些观念往往会使我们在职场中走弯路。要避免自己走弯路，关键在于发现并利用职场中真正的杠杆。

第一个杠杆是把握汇报时机。许多人认为自己埋头干活就行了，不喜欢汇报工作，因为担心汇报过程中遭遇质疑、工作成果被推翻，从而增加额外的工作量。所以，他们更倾向于在任务完成后才向领导展示成果。然而，有效的汇报其实是有章可循的。记住三个关键时机：1%的起始阶段，明确任务目标；50%的进度阶段，同步任务进展；100%的完成阶段，实现完美闭环。找准这些汇报时机，你就能事半功倍。

第二个杠杆是积极参加会议。在各种会议上，尤其是有大领导参加的会议，你是不是总认为自己人微言轻，轮不到自己说话？其实，会议往往是最好的展示自己和工作成果的舞台。如果在会议上不主动参与讨论，游离在大家的讨论之外，那就很容易给那些不熟悉自己的人留下一个负面的印象，他们可能会觉得你在工作中不太积极或没有能力。所以，你看，哪怕不说话，也在向外界传递信息，那为什么不学会怎么在会议上得体地表现自己呢？

第三个杠杆是主动呈现自己的工作。我曾目睹一些人，明明干了很多事，但却不善于主动总结与展示，期待领导能够自然而然地注意到他们的付出；又或者除非自己在工作中取得了重大成果，不然不好意思展示自己的阶段性成果，总认为自己做得还不够好。然而，职场的真相却是，如果你不主动呈现自己的工作，别人可能很难了解你的实际付出和成果。主动呈现自己的工作并不意味着要炫耀或夸大自己的成果，而是要选择合适的方式和时机，让自己的努力和成果被更多人看到。

第四个杠杆是你的形象。这是职场中一个重要的杠杆。也许你认为别人应该因为你的能力而信任你，而不是因为你的外表或穿着打扮。然而，事实上，形象是一种有效路径，它让别人理解你是谁，你是一个什么样的人。如果你的形象传递出消极的信息，那么你可能还没有机会展示你的实力就已经被淘汰了。

我在职场中深刻体会到了形象的重要性。从毕业离开学校开始，我就非常注重自己的职业形象，特别是在外企工作期间，我每天都努力将自己打扮得"正式"和"成熟"。我的工作成绩很快引起了中国区高层的注意，而我的职场形象也为我加了不少分。工作仅仅半年之后，我就获得了一次加薪的机会，并开始参与公司亚太区的高级领导力项目。

当然，我的职业形象并不是我获得这些机会的唯一原因，但它确实是一个重要的加分项。在一次与老板的闲谈中，他这样评价我："从你的穿着打扮可以看出，你对自己有很高的要求，事实证明果然如此。"这句话让我深刻地意识到，在职场中，我们的形象不仅仅是一种外在表现，更是一种无声的沟通方式。

阿基米德说，给我一个支点，我可以撬动整个地球。愿你也可以找到自己合适的支点，用智慧和勇气来撬动职业的新高峰。

3. 坚持长期主义，收获时间的复利

坚持长期主义并不是指单纯的长时间持续做某件事，而是有目标、有方法地坚持，每解决一个问题都有助于解决其他问题；坚持长期主义也意味着不过分计较眼前短暂的得失，每一次短暂的舍弃都在为更长远的收获做准备。因此，真正的长期主义是选定一件真正有价值的事，一直做，等待时间的回报，最终收获时间的复利。

我的职业发展旅程是一个受益于长期主义思维的结果。在我十五年的职业生涯里，虽然前两份工作的薪资并不高，但我从未因此动摇。因为对我而言，薪资从来不是选择工作的首要考量因素。每一次选择新工作时，我都会问自己：这次的选择能为下一次和再下一次选择提供什么？这个问题我后来总结为长期主义下的选择之间。现在回看我的这段职业旅程：毕业后到外企，外企的工作环境教会了我什么是职业化，让我形成了良好的职业习惯和职业素养，在这里我完成了从学生到职场人的转型；接着，把自己扔进了互联网大厂去"卷"，开始真正地走进业务岗位，也开始真正地精进专

业，在这里我完成了从职场菜鸟到专业个人贡献者的升级；九年之后，来到了收获时间复利的时刻，我接受了一家创业公司的邀请，完成了经验变现，收入有了突破式的增长，更重要的是我开始了解真正的企业经营和商业的本质。而未来，我是继续在企业向上一步，还是勇敢一跳，开始创业，之前的工作经历让我拥有了选择的自由和底气。

人生的每一步都算数。因此，我建议你把每一个当下的选择和困境都放到职业生涯的长河来看。当周期拉长，从未来的视角望向此刻，你会发现，许多问题都将迎刃而解，请相信，未来会告诉你在当下如何做出选择。

最后，请记住，长期主义不仅是一种价值观，更是一种方法论。我们要学会做一个有方法的长期主义者，洞察时间的复利效应，每个人都有机会成为一个小领域的佼佼者。这，便是通往成功的捷径。

练习：能量守护

请感知最近一周自己的能量情况，如果画一条线，代表你的能量消耗和增加的比例变化，这根线在哪里？

请在能量圈的左边，写下近一周所有消耗你的能量的事情，以及这些事情给你带来的情绪；

请在能量圈的右边，写下近一周所有增加你能量的事情，以及这些事情给你带来的情绪。

写完以后，觉察一下，如果想要让这根线移动，给自己增加更多的能量，你会怎么做？

辑四

照顾全世界，
更要照顾好自己

Compilation 4

4.1 面对烦恼,学会无为而治的智慧

作者:朱琼

烦恼似乎是与人类如影随形的伙伴,在人生的每个阶段都会出现。就像《大梦》这首歌里唱的,6岁在担心衣服弄脏了该怎么办?12岁担心离家上学该怎么办?18岁担心上大学还是外出打工?23岁担心大学毕业后要怎么办?38岁则在担心没有那么多时间陪伴孩子该怎么办……

有趣的是,每个阶段的烦恼,似乎走过了,也就过去了。到如今40岁的年龄,我开始有点理解四十不惑这几个字的意思。四十不惑,并不是说到了40岁,就没有了烦恼,而是不会再为烦恼而烦恼,不再把问题的存在当作问题了。

教会我放下想掌控周围所有人和事的想法,让我

无为而治的，在时间上还得追溯到我家老大（第一个孩子）刚上一年级的时候。

那时，老大从幼儿园刚进入小学一个星期，开始抗拒去学校。其理由从一开始的说小学没有幼儿园自由，学校有很多要求，到说怕自己在学校做得不好，再到说老师太凶了。我一边从老大这里了解情况，一边询问老师和其他同学。结果发现，其实老大在学校并没有多大的事情发生。老大不适应小学生活的主要原因是小学的老师开始有了纪律的要求，也对写字、学习和考试有了要求，老大是个对自己要求高的人，即使老师没有凶她，她也会自己给自己压力。

我尝试跟她讲道理，并请老师配合，多在学校表扬和认可她。在家的时候，我作为一个教练式妈妈，多倾听、多鼓励，并告诉她即使不是优秀的学生，她也是妈妈最爱的宝宝。招数用尽，全都没有用。每天起床都是一场拉锯战，哼哼唧唧不肯起床，哄着穿衣服，帮她刷牙洗脸，我的所有耐心都用完了，孩子的情况还是没有好转。

直到将近一个月后的早上，我彻底崩溃了。不想再哄她，直接"凶相毕露"地把她送到学校，推进教室。等我转身离开时，就听见整个走廊都是她的哭声。

而我也在这一刻的崩溃里，看到了自己的脆弱：一方面，我很担心、害怕，怕自己对孩子的情绪处理不当，打压了她的情绪和需求；又怕自己无法解决孩子的问题，孩子变成一个胆小怕事的人。另一方面，我也看到了自己的无力和自责，我已经用了所有能帮她的方法，却依然没有效果，我还是个教练妈妈吗？为什么我连这样的事情都没有办法帮孩子解决？

好吧，既然看到了自己的无助和害怕，那至少做一个真实的妈妈吧——允许自己无助和害怕，也承认自己无能为力。

晚上孩子放学回到家，洗完澡以后，我抱着她躺在床上，跟她说：对不起，妈妈今天对你很凶，其实是妈妈太无助了，我不知道该怎么做才能帮到你。

孩子听到这句话，眼睛一亮，猛地抬头看着我："真的吗？我以为你生我气呢！"

"其实妈妈不是对你生气，妈妈是对自己不能做什么帮到你而生气。"说完这句话，我彻底放松下来，虽然还是不知明日会怎样，但我的内心感受到的是无比的安定和踏实。

孩子这时也温柔地把脑袋挤进我的怀里，要我抱一抱她。就这样，我们彼此依偎着进入了梦乡。

第二天，老大平静地去上学了。

第三天、第四天、第五天……一切都回归了正轨。

当我不再做个好妈妈，孩子也不用再扮演好学生，只需做好她自己！

这个改变，超过我原本的认知和期待。当我放下控制欲，不再试图"帮助"孩子，孩子却发生了改变。而以前的我，却如此用力，恨不得把孩子的事情都背在自己身上，把不能完美地处理这件事的责任归咎于我不够有智慧。而真正的智慧是我们谁都不用去做优秀完美的自己，我们可以害怕，可以无助，可以找不到答案，但我们依然能带着害怕和无助前行。

这个经历也教会了我以一种松弛和无为的方式去面对困境。很多时候，我们的用力，是一种不接纳，是一种跟自己和现实的对抗，我们总觉得必须做点什么来积极响应挑战。其实无为而治，也并不是让我们消极应对，而是以不强求、不抗拒的态度化解烦恼。

记得曾经看过一个寓言故事，也是在描述这种无为而治的智慧：在一个古老的村庄里，有一个年轻人想要带一头大象去市场。于是他把大象牵到了路上，但是大象却一动不动，任凭年轻人如何喊叫、拉扯，大象就是不肯前进一步。年轻人感到非常困惑和苦恼，他尝试了各种方法，但大象依然固执地停在原地。

有一天，一位老者经过，他看到了年轻人的困境，便过来询问原因。年轻人向老者抱怨了大象的不听话，老者笑了笑，对年轻人说："你不妨试试用一种更加轻松的方式来牵引大象。"

年轻人犹豫了一下，他放下心中的焦虑和控制欲，开始轻声和大象交流，不再强行拉扯。他和大象一起悠闲地散步，欣赏路边的景色，分享心中的感受。奇迹发生了，大象仿佛感受到了年轻人内心的变化，开始主动跟着他走，不再抗拒，不再停下来。

于是，年轻人顺利地将大象带到了市场。

4.2 少一点"我应该",多一点"我需要"

作者:朱琼

记得老大刚上一年级的时候,一点也不愿意去学校。有一天我在家用心理学卡片跟她探索这种行为背后的原因,她在一堆卡片里选择了两张卡片,一张代表学校带给她的感受,一张代表家带给她的感受。代表学校的卡片是一把尺子正在量一张纸,我问她这个卡片是什么意思?

她说:我就像一张纸,学校就是一把尺子,要求我们不能长一点,也不能短一点。我们就应该刚刚好满足学校的要求。

不知道这样的感受你有没有过,从小到大,学校、家庭似乎有各种各样的规则让我们遵守。我们因此也被一系列的要求规训:我应该听大人的话;我应该孝顺,让父母开心;我应该好好学习;我应该保持上进;我应该努力工作;我应该谦让别人……

规训让我们有了各种各样的"应该",也让我们开始有了各种束缚。当我们想停下来休息一下时,大脑就会有一个声音说:你不能停,别人都在努力,你看他们获得了那么多成绩,你还在这儿"躺平"!当别人侵犯了我们的边界,我们不开心的时候,我们一边想发泄自己的情绪,一边脑子里又有个声音传来:别生气啦,做人大气一点。

"应该"的思维模式,给我们带来了束缚,也带来了情绪内耗。在很多教练对话里,我发现大家的很多烦恼来自两个方面的"应该",要么认为外界应该满足自己的期待和设想,要么觉得自己应该满足自己的某个预设。婚姻里,我们经常觉得老公应该更加上进一点,应该更加关注家庭一点;孩子应该更活泼自信一点,或者应该更加爱学习一点。有些"应该"别人往往很难做到,时间长了,这些"应该"与实际情况的差距就逐渐变成了我们不满和抱怨的来源,也让家庭关系出现了裂痕。

而对自己的这些"应该",也增加了自己跟自己的对抗和内耗。我们内心通常有两个声音,两个声音经常互相拉扯打架,消耗自己的能量。我曾经有一位客户,一边创业,一边照顾家庭,他来找我的时候,就是因为工作、生活都安排得太满,导致两个方面都做不好。他家里有两个女儿上学,其中一个已经进入青春期,平常没有阿姨帮忙,家里所有的家务和孩子的功课辅导、兴趣班等都要他亲力亲为。同时自己创办的公司也在新冠疫情后业务下滑,需要他花更多时间去经营公司。

听他诉苦时,我感觉他很疲惫很累,我让他换个方式表达自己:如果把"女儿应该更自主学习""我应该把家里照顾好"这些"应该"放一放,只问问他自己的心,他需要什么?

他说:我需要休息,我需要自己的空间,我需要有人帮帮我,我需要大家各自照顾好自己,我需要每周给自己一点放松和发呆的时间……

我问他:说完这些"我需要",感觉怎么样?

"感觉我放松下来了,好像自己的内心被人看见了,有点感动。"他回答道,"我还看到自己对自己的要求有点高。或许,我可以放过自己一些,我不是超人,我也是个需要被关心的人。"

看到客户对自己的觉察和关爱,我也有些感动。他这句话说出了"我应该"的思维真相,很多"我应该",都源于我们的内在对自己有一个完美形象的预设,我们想让自己在他人眼里是完美的,完美的好妈妈、好爸爸,完美的职场人、创业者,为了维持这些完美形象,我们自然多了对自己的要求和"应该"。

想要打破"应该"的束缚,首先是要觉察我们都有哪些"应该"思维,看到这些"应该"的内在需求是什么。然后问问自己,如果不活给任何人看,只是为自己而活,那我们真正需要的是什么?最后在觉察的基础上,重新做有创造力的选择和行动。

有时候,一旦定性思维被解绑,更多的选择就会冒出来。

我有一位闺蜜曾经白天上班,晚上收拾家里做家务,两个孩子的家庭,总有做不完的家务。之前她一直觉得自己没什么选择,家里的东西总是放得乱七八糟的,垃圾也没有人倒,可自己不干也没别的人干,有什么办法呢!直到在我们的一次谈话中,她意识到她其实是在勉强和委屈自己,于是回去后,她买了一个扫地机器人为自己减轻打扫的负担,除了保持日常的基本干净卫生,只在自己真的想做家务的时候做家务,而不再逼自己做家务了。

后面很长一段时间,我再也没听过这位闺蜜吐槽家务的事情了。

是啊,有时候,让我们别无选择的,其实是自己。打开思维的牢笼,我们可以重新获得心的自由。

4.3 扎心的真相：你不是没时间，而是不够想要！

作者：朱琼

高二的侄子因为不喜欢学校，请了1个多月的假，说要试试在家自学。跟他谈了各种安排后，父母同意给他一个尝试的机会。结果到了期末考试的时间，侄子并没有去考试。原本侄子和他的父母约定是要回学校参加期末考试的，正好也可以看看这段时间的学习效果，到了最后一天，犹豫再三，侄子还是没走进考场。于是，他的父母让我跟他谈谈，了解一下他是怎么想的。

趁侄子来我家玩，找了个没人在旁边的机会，我跟他聊了聊：为什么最后没去考场呢？

侄子回答:"不好意思进去,我这么久没去学校,感觉大家看我的眼光会很奇怪。"

"除了这个,还有吗?"我感觉应该还有些其他的影响因素。

侄子想了想,说:"怕考试结果不理想,到时候老师、同学和父母都会嘲笑我,觉得我之前想要自学的决定很傻"。

听到这个答案,我真心钦佩孩子的真实、坦诚和勇气。侄子说的这个,可能有的人听起来觉得有点孩子气,但是做过那么多内在探索和教练对话的我知道,孩子说的是大实话。不仅孩子害怕面对结果,害怕看到"自己不行",很多成年人也一直困在不敢面对结果和未知的情况里。与其努力一番,最终看到自己不行,干脆就不开始,至少这样,我还可以说,那是我没有尽力去做。

这段话听起来有点绕,第一次有客户袒露分享类似观点的时候,我当时也有点惊讶,原来人的内在这么会玩躲猫猫的游戏,能够看清内心的真相不容易啊。后来在与很多客户的谈话里,当觉察到一定深度时,我发现这并不是罕见案例,我们很多时候都在给自己编织一个安全舒适的区域,来保护自己脆弱的心,让它不用去面对失败,面对风险,面对可能的真相和别人的指责、嘲笑,但这样的小心翼翼,真的让我们舒适了吗?

如果真的舒适了,夜深人静时,又是谁的内心觉得人生毫无意义,没有活成自己满意的样子呢?又是谁,一谈起自己的成就时,总是一声叹息!那些让我们掩藏起来的渴望和梦想,其实从来没有真正离开过,而是以一种遗憾、憋闷、无力的情绪,藏在了我们心里。但表面上,我们却总用"没时间"搪塞。

打破没时间的谎言，第一步就是诚实面对自己，跨过内在的防御机制，看到自己一直说没时间的背后，真正在逃避的是什么。

第二步则是重新做选择。我是想要一直生活在舒适的氛围中，还是去体验未知的生活，遇见人生的各种可能性，增加生命的厚度？曼德拉有句名言我非常喜欢，他说：人生最伟大的时刻，不是从不跌倒，而是跌倒之后总会重新站起来。

是的，我们带给周围影响力的时刻，往往并不是因为我们有多优秀，获得多少成就。人们喜欢，并容易被感召的，其实是善良、勇敢、真诚、正义、坚韧等品质。与其固守优秀的光环，不如让自己去冒险，去闯荡未知，更能触动人心。

记得曾经有一个客户是500强企业的经理人，在我们的第三次教练对话时，他跟我说："今天可不可以不要解决一个具体的问题，就随意聊聊天，轻松一点。"我说："好啊，你想聊什么？"

这位客户回答："能不能分享一下你的人生故事，以及你为什么会去创业？"

于是我开始分享自己人生中最重要的几个瞬间和选择，以及后来是什么让我选择离开安全舒适的企业，开始了创业生涯。

听完我的故事，这位客户陷入了沉思，过了一会儿，他说："谢谢你的故事，我也想分享一个秘密给你。"带着一丝害羞，他说："我今年有个小梦想，我想让我的月薪涨到3万元以上。"

听他说完，我立马为他的小梦想加油喝彩，祝福他的梦想能圆满实现。客户收到了正反馈和回应，原本还有点害羞的脑袋，立马抬了起来，他的眼睛比之前更有光亮，背也更挺了，他笑着跟我说:"你知道吗？这个秘密我还从来没有对人说起过，你是第一个。"

看到他眼里的光，以及内在升起的力量感，我知道这场教练对话算是圆满完成了。虽然是以这样聊天的方式完成的，但我知道，当一个人开始勇敢地宣布自己的梦想时，他的内心就已经打破了很多"我还不够好，我不值得"的内在设限，他开始正面拥抱更"大"的自己，以及拥有无限可能的自己。

每当你自我怀疑、自我否定的时候，不妨读读这首诗《让自己绽放光芒》。这首诗的作者是美国作家玛丽安娜·威廉姆斯（Marianne Williamson），这首诗在曼德拉就职演说后广为流传。

让自己绽放光芒

我们最深的恐惧并不是我们的无能。

我们最深的恐惧是，我们的不可估量的力量。

是我们内心的光明，而非黑暗。

我们扪心自问，

我可以聪明、美貌、才华横溢、出类拔萃吗？

难道我们不可以成为这样的人吗？！

你是神的孩子，

你掩盖自己的光芒，并不会点亮这个世界。

把自己缩小在一个狭窄的世界里，并不能消除周围人的不安。

我们本应该光芒四射,像孩子一样,照亮世界,
我们生来就是为了呈现内在神的荣耀。
这种荣耀的光芒,不只在一些人身上,
它在每个人身上。
当我们让自己发出光芒,
我们不知不觉中也允许他人闪耀他们的光芒,
当我们将自己从恐惧中解放出来时,
我们的存在也会无形中解放他人。

4.4 接纳自己的不完美，及格也挺好

作者：杨海霞

我们生活在一个环境复杂多变的社会，每一个人都在为追求自己心中的完美而努力。很多人为了追求完美而不断给自己施加压力，过度的压力导致个人的焦虑和不安，无法实现完美需求的结果往往还会带来对生活的不满。我们往往不会察觉自己的完美主义，但无论是工作还是生活，我们内心总是想要做到最好。就像我小时候，每次考试都想拿满分，但总是差那么几分。长大后我才明白，这是我自己对自己完美的要求，我感觉满分才是完美的，其实差的几分对我的人生并没有什么影响，但小时候却为了那几分不断自责，责备自己不够努力。完美是我们遥不可及的梦想，但这个世界并没有真正的完美，每一个人心中的

完美都是自己内心的美好期许。在我看来，这个世界是多变和复杂的，多样性才是这个世界的真相。

有一个客户来找我咨询职场人际关系问题。他觉得自己在公司跟很多人都无法友好相处，这种状态让他很苦恼，深入了解后他发现是他自己的"完美控"让他无法看见他人的付出，导致人际关系比较紧张。他是一个项目经理，每次做项目，他总是要求团队成员把每一个细节都做到极致。有一次，团队负责一个大型活动的策划，大家都已经按照时间节点完成了各自的任务，可是他却觉得海报的配色不够完美，硬是要大家重新设计，就这样，整个团队陪着他加班加点，直到最后一刻才勉强达到他的要求。虽然活动最终取得了成功，但大家都累得够呛，事实上大家对他的这种行为也是敢怒不敢言，私下里同事们聚餐或者游玩都不会邀请他。

我问他，不完美对他来说意味着什么？他觉得不完美意味着自己不够好，不够好就不会被人认同和喜欢，当不被人认同的时候，他会觉得自己没有价值。说完这些，他意识到自己的限制性信念是不完美等于没有价值，而当他看到这个，他突然意识到，这是自己给自己设置的框架，所谓完美本身并没有一个明确的定义。千人千面，对于完美，大家也有自己的定义，所以完美本身就是一个假设！

我曾经采访过一位教练型的老师，她跟我分享了一个案例，她的一名即将毕业的学生跟他交流沟通是否要留校。在所有老师和同学眼里这位学生都是优秀的，留校是他非常好的选择，而当她问这位学生自己的优势是什么时，学生回答的是自己的缺点以及打算在哪些方面做出改变。当老师再问他同班同学有什么优点时,他依然回答的是大家的缺点。在这个学生眼里,大家都有一堆的缺点需要改正,他看不见自己和别人的优点就无法赋能自己和他人。

这样的认知背后是他的完美主义模式。完美主义就像一张白纸,在这张白纸上不允许有任何黑点或者其他的色彩,过度追求这张白纸的白会让我们陷入无尽的疲惫和焦虑中,只有允许和接纳这张白纸上的其他颜色,才能让自己的人生更加丰富多彩!

其实,有时候我也想做个完美主义者,但后来我发现,那简直就是个"坑"。因为追求完美只会让自己更累,而且永远都达不到目标。所以,接纳自己的不完美,也是一种解脱,是一种释放内心压力的方式。当我们学会拥抱自己的不足,我们才能更加坦然地面对生活,享受生活的美好,那些所谓的不足和缺点才会自动退出我们的生活!

人生就像一场马拉松,我们不必追求每一步都跑得最快、最完美,重要的是坚持跑到终点。接纳自己的不完美,事情做得刚刚及格也挺好,因为真正重要的是我们能够享受这个过程,活出自己的精彩。有时候,我们真的太过于苛求自己了,就像那句俗语说的:"人无完人,金无足赤。"连金子都有瑕疵,更何况我们人呢?当你发现自己有不足时,不要过分自责,而是要学会调整心态,接受自己的缺点。这样,你才能更好地面对生活中的挑战,享受人生的美好。

人生无须完美无瑕,有时候,做一个及格的自己,也是一种智慧和勇气。学会接纳自己的不完美,我们才能更加坦然地面对生活的挑战。

刚刚及格，或许不是一个耀眼的人生状态，但它也可以代表一种平衡与满足。在生活中，我们不必追求事事尽善尽美，有时候，做到及格就已经足够好了。这种"足够好"的心态，让我们能够在忙碌的生活中找到平衡，学会在有限的资源和时间内做出明智的选择。当我们满足于自己的及格表现时，我们便能更加珍惜当下，享受生活的点滴。

很多世人眼中的成功人士，其实也不够完美，但他们敢于接纳自己的不完美，用勇气和智慧书写非凡的人生。比如，乔布斯曾经被苹果公司解雇，但他并没有因此沉沦，而是勇敢地面对自己的不足，最终重返苹果，成为一个传奇。接纳自己的不完美，并不是放弃，而是为了更好地前进。

那么，如何才能做到接纳自己的不完美呢？首先，我们要学会正视自己的不足，勇敢地面对自己的缺点和错误。其次，我们要调整心态，认识到完美并不是生活的全部，有时候，做一个及格的自己也是一种成功。我们要学会珍惜自己的努力和付出，不要过分苛求自己，给自己一些宽容和关爱。让我们拥抱这份"足够好"的心态，勇敢地面对生活的挑战，享受人生的美好。不完美也是一种美，做一个及格的自己也挺好！

所以，别再为了追求完美而让自己疲惫不堪了，接纳自己的不完美，才能更好地拥抱生活！

4.5 别被内心小剧场掌控,做一个有钝感的人

作者:杨海霞

你知道吗?有时候我们内心的小剧场比电影还精彩,一不小心我们就被它牵着鼻子走了。

想象一下,你走在路上,突然想到一件尴尬的事情,然后就开始脑补各种可能发生的结果,越想越觉得糟糕,最后甚至影响到一整天的心情。这种内心小剧场就是我们自己给自己"加戏",让原本简单的事情变得复杂。

我想起有一次跟朋友去吃火锅,不小心打了个喷嚏,然后我的内心小剧场就开始上演了:"我是不是喷到别人脸上了?""他们会不会觉得我很不礼貌?"朋友看我一脸纠结,笑着说:"嗨,你是不是在心里演了一出大戏啊?"哈哈哈,看来大家都有过这样的

经历啊！

内心的小剧场如果能被及时打断，对我们的生活其实影响并不大。但是如果内心的小剧场被无限放大，我们的内在被它掌控，我们可能就会陷入内耗的境地。

有一次，我被别人攻击，有一部分声音对我说是你不够好，有一部分声音说你已经很好了，但我内心的小剧场却偏向了那些说我不好的声音，上演了一场我被别人攻击的戏。在我内心的小剧场，我非常委屈，我要证明不是我不好，而是那些人的错，委屈的情绪让我很想反击。如果我就此被内心的小剧场掌控，接下来的外在表现可能就是跟那些说我不好的声音"大战"一场，这有可能两败俱伤。好在在我快要迷失时，有教练朋友的帮助，我觉察到了自己刻意选择听这些攻击我的声音是不想被人说我不好，当我承认并接纳自己不够好时，似乎就可以把更多的能量用在那些关心和爱护我的声音上去了。

复盘整个事件，我想到一个当下非常流行的词，它叫"钝感力"。钝感力指一种对外界刺激相对不敏感的能力，拥有钝感力的人能够在复杂多变的环境中保持内心的平静和稳定，不被外界的纷扰左右。他们并非对所有事物都麻木不仁，而是在面对一些不必要的刺激时，能够选择性地忽略或淡化，从而保持内心的清明和专注。它不是一种消极的态度，而是一种积极的生活智慧。

做一个有钝感力的人，摆脱内心小剧场的束缚。拥有钝感力的我们，能减少对压力和刺激的敏感反应，不容易被内心的小剧场牵着鼻子走。

想要提升钝感力，要学会放下过去的包袱，不要总是纠结于过去的错误或遗憾，要接纳和容许自己的错误和遗憾，不要过于苛求完美，接受自己的不完美也是一种成长。当然也要学会转移注意力，当内心的小剧场开始上演时，试着去做点别的事情，让思绪从负面情绪中解脱出来。我们可以通过冥想、练瑜伽等方式来锻炼自己的内心，提高自己的情绪管理能力。此外，多读书、多思考也是培养钝感力的重要途径，通过阅读和学习，我们能够拓宽自己的视野，提升自己的认知水平，从而更好地应对生活中的各种变化。

人生就像一部电影，我们都是自己生活的主角。但别忘了，我们自己才是导演，别让内心的小剧场抢了我们的戏。做一个有钝感力的人，掌控自己的情绪，让生活更加精彩。有句俗语说得好，"心宽体胖"，所以啊，别让内心的小剧场影响你的好心情。

学会放下，才能拥抱更美好的未来。

4.6 迷茫的中年人,如何找到自己

作者:刘夏

被世俗成功支配35年后,我想自己定义人生

在社会的洪流中,每个人似乎都被一种无形的力量牵引着,那就是"世俗成功"的标准。它像一把尺子,衡量着每个人的价值。可是,成功的标准究竟是什么呢?高薪的工作、较高的社会地位、奢华的物质生活,还有他人羡慕的目光?这些世俗成功的标准被无数人视为人生准则,甚至有些人为此不惜付出一切代价。

我自己也是其中一员。从农村走出来,通过自己的努力考上大学,之后来到繁华的上海。初到这座大

城市，我便在心中默默下定决心，要通过自己的双手，在这里开辟出一片属于自己的天地。30岁被我赋予了很特别的意义。我渴望在这一年事业上能晋升为公司的管理者，同时完成在上海落户、结婚、生子的人生大事，更希望能够拥有属于自己的房子和车子。人最重要的就是要有目标，对我而言更是如此，只要心中有目标，我总会想尽一切办法去实现。

幸运的是，尽管我并非出自名门学府，但在30岁这一年，仍然实现了自己设定的三个小目标。事业上，我成了一家大型集团公司最年轻的高管；家庭上，我迎来了宝贝儿子的诞生；生活上，我也通过努力成功获得了上海户口。每次听到周围人的赞赏，看到他人羡慕的眼神，我的内心都非常满足和喜悦。然而，这还远远不够，紧接着我就给自己定下了35岁的目标，去攀登更高的山：靠自己买房买车，同时在事业上继续向上一步。我一步一个脚印，坚定而执着地迈向这些目标，步履不停地奔到了35岁。最终，它们都如期实现，我为自己感到骄傲，也成了朋友眼中的人生赢家。

正当我满怀信心地思考下一个目标的时候，公司进行了一次重大的重组，公司选择核心管理层不再以资历为主而是以能力为主。许多曾经的核心领导被调动到了不那么重要的位置，甚至有一位元老级的中层领导，公司为他安排了一位更年轻的负责人成为他的上级。这一突如其来的变动，让我瞬间感受到了世事的无常。我看着眼前的一切，有一种"眼看它高楼起，眼看它楼塌了"的悲凉。我开始问自己，这一切的努力究竟有什么意义呢？我们永远无法预知未来，这些外在的成功和让人羡慕的物质生活，不知道何时统统都会归零。当努力追逐这些标准而获得成功的时候,我是某个"成功人士",而当它归零的时候,我又是谁呢?我的人生真正留下的又是什么呢?

我感受到了前所未有的疲惫,也开始怀疑自己的选择和追求的价值,带着这些迷茫和反思,我决定寻找真正属于自己的人生。

这个过程漫长而艰难,是教练帮我打开了一扇窗。她引导我去探索自己的内心世界,寻找真正的梦想和热爱。

她问我:如果你拥有一切可能,你期待10年后的你是什么样的?

我愣了片刻,接着脑海里出现了一个很明媚的画面:45岁的我,穿着一套针织裙,一双休闲鞋,站在一个会场的舞台上,正在做一场演讲,我的家人在台下为我鼓掌。演讲结束后,我还为几位听众提供了单独的辅导,他们的脸上洋溢着满足和感激的笑容。那一刻,我感受到了从未有过的开心和满足。

原来这才是我想要的人生!那一刻,我才意识到,真正的成功并不是拥有多少财富和权力,而是能够按照自己的意愿生活,找到内心的满足和快乐。

于是,我开始坚定地朝着这个明媚的人生画面迈进。我重新审视自己的时间分配,决定为家人和自己留出更多的时光。我喜欢旅行,于是开始精心安排与家人共度的出游时光,享受每一刻的温馨与欢乐。同时,我怀揣着助人与分享的初衷,踏上了教练学习之旅,并成功完成了认证。现在,在本职工作之外,我也开始帮助很多像我这样迷茫的中年人,倾听他们的故事、理解他们的困惑,引导他们探索自己的内心世界，每当看到他们逐渐走出迷茫，找回真实的自我，我都感到一股强大的力量与掌控感涌上心头。

慢慢地，我和这个世界互动的方式变得更加多元且深刻了。这让我真正理解了，世俗的成功标准并不是衡量人生价值的唯一尺度。每个人都有自己独特的天赋和兴趣，只有当我们勇敢地追求自己的梦想和热爱时，才能找到真正的幸福和满足。而那些所谓的成功标准，只不过是社会强加给我们的枷锁和束缚，它们并不能给我们带来真正的快乐和满足。无论何时何地，不要被外界的纷扰迷惑，我们都有权利选择自己的人生道路并定义自己的人生。

你是否相信，你有无限可能？

每当你和别人讨论自己的新创意时，是更容易听到"这不太现实""这不太可能"之类的所谓警示与否定，还是更多接收到"这完全可行"的鼓励与支持？在电影《当幸福来敲门》中，有一句深刻的台词：当人们做不到一些事情的时候，他们就会对你说，你也同样做不到。尽管这并非事实，可我们很多时候却可能被这样的言论影响，甚至信以为真。

于是，我们开始怀疑自己的能力，对未知的未来感到恐惧和不安。从而在不知不觉中渐渐放弃了那些曾经充满热情与憧憬的梦想，选择了安逸和舒适的生活。

可在很多个梦醒时分，我们又会被曾经的梦想唤醒。那么，究竟是什么让我们不敢去想象和做更好的自己呢？

我想说，你是不是真的相信自己可以有无限可能？我跟大家分享一个故事，或许大家能从中感受一二。

有一位我深感敬佩的教练朋友蓝姐，她的人生经历堪称非凡。35岁前往美国常青藤高校求学，38岁成为国家一级登山运动员，登顶慕士塔格峰（海拔7546米），40岁获得美国犹他大学博士研究生录取通知，开始攻读博士学位。

蓝姐说，她的人生有三次自我革新：第一次是离开家乡前往北京上大学，这开阔了她的视野；第二次是离开祖国前往美国常青藤高校求学，这打开了她的事业格局；第三次是去读博士，不为功利只为热爱，这打开了她人生的宽度。而在整个过程中，她可以骄傲地说她没有靠任何人，她只靠自己的努力、信念和坚持。

我好奇地问过蓝姐，你就没有过恐惧的时候吗？她说，当然有过，但是她始终觉得，如果相信自己的人生没有界限，敢想敢做，那么天地就是你的。尼采曾经说，一旦选择相信，一切皆有可能。所以只要敢想且不放弃，就可以打开理想世界的任何一扇门！

是的，渔夫出海前，并不知道鱼群在哪里，可是他们还是选择出发，因为他们相信一定会满载而归。人生很多时候，是选择了才有机会，是相信了才有可能。

你可能会疑惑，仅仅相信自己就够了吗？亲爱的，相信是前提。然后我们再去看看这背后的真相：那就是万事万物都有规律，尊重规律，相信自己就会变成可能。

人的成长也是如此，正如成长破圈模型揭示的深层规律：人生就是一场场的破圈游戏，你的每一次勇敢追逐，固然都伴随着困难与挑战，但每一次尝试也都是一次学习和成长的机会，这些经历会让你的成长螺旋般上升，交织着挑战与成长，每一次的突破都能让我们发现更大的世界，拥有更多的可能。鸡蛋从外打破是食物，而从内打破是生命，我们的人生亦是如此，如果我们能够勇敢地打破旧有的束缚，从内部实现自我革新，那么，通往无限可能的路就会在我们脚下展开。

让我们一起来看看，成长破圈究竟是怎么实现的。

人的成长，往往是有过程的：突破舒适圈，战胜恐惧圈，拓展学习圈，建立成长圈，回归自在圈。只有不断自我破圈，才能让自己不断迭代升级，拥有越来越多的可能性。

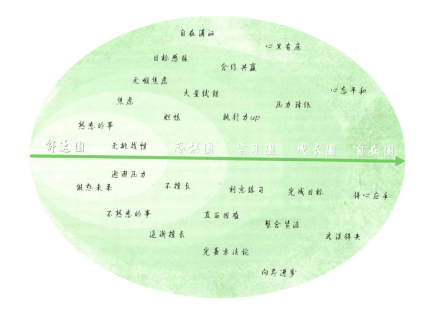

成长破圈模型

不管我们身处哪一个圈中，我们都将面对圈内的挑战，而我想跟你分享的是，面对这些挑战的时候，我们可以如何突破。

我们先谈谈舒适圈。这个圈层给我们带来了熟悉与安逸，一切似乎都尽在掌控之中。然而，长时间的舒适容易让人满足现状、不思进取，甚至陷入盲目自大和思维僵化的境地。为了跳出这个圈层，进入更广阔的天地，我们可以采取以下突破方式：一是明确自己的身份定位，知道自己想要成为怎样的人，因为现在的选择将决定我们未来的人生方向；二是设想未来的生活，清晰的目标能够激励我们走出舒适圈，追求更高的境界。

进入恐惧圈是开启学习圈的必经之路，在这里你一开始的反应是不适和焦虑。我们做一些没把握的事情时，会需要花费大量的时间和精力，这可能会让我们缺乏自信，感到焦虑，甚至容易放弃和被他人影响。然而，没有恐惧和挑战，我们哪来的不断学习和成长的机会呢？在内忧外患的恐惧圈，我们首先要学会接受自己的不足，打破完美主义的限制；然后直面恐惧，我们可以尝试写下害怕的事情和最坏的结果，直面自己的恐惧，让我们不再被恐惧的情绪占据自己的理性；这样我们便可以很快进入学习圈。

在学习圈，通过努力练习，我们会如海绵般吸收新的知识，快速成长，为进入成长圈打下基础。当我们进入成长圈时，我们的目标变得更加明确和具体。在这个阶段，我们做的事情都有结果和目的，我们已经通过学习获得能力和人脉，再调动自身的资源，促使目标利益最大化。同时，我们也开始沉淀出自己的方法论，实现结果升级，为进入自在圈做好准备。

进入自在圈，人生又达到了一种新的高度，以前耿耿于怀的事情，现在变得风轻云淡了。其实，这是一种真正的回归自我，我们的舒适圈扩大了，人生进入了更高的境界。在这个阶段，我们抓大放小，开启新篇。我们能够认清客观事实不会因自己意志而转移，舍去不必要的累赘，轻装上阵。此时，我们已经进入了一个新的舒适圈，但不再是停滞不前的舒适，而是充满活力和机遇的新起点。

J. K. 罗琳曾说："改变根本不需要什么魔法，只需要充分发挥我们内在的力量。"我想，这份内在的力量便是相信的力量。无论现在身处何种境地，我们都要相信自己有能力去改变、去超越、去创造属于自己的生活。当你真正相信自己的无限可能时，你的心态会发生微妙的变化。你会变得更加积极、更加主动、更加勇敢。你会开始尝试新的事物，探索新的领域，挑战自己的极限。你会发现自己的能力在不断提升，视野在不断拓宽，人生在不断丰富。因此，不要低估自己的力量，不要给自己设限。相信自己的无限可能，勇敢地追求自己的梦想和目标。让我们一起踏上这场充满挑战与机遇的人生旅程，用相信和勇气书写属于自己的精彩篇章吧！

如何更好地找到自己？

有一次跟我的一位高管朋友聊天，他说前段时间跟一位老大哥聊天被"灵魂拷问"了："如果明天就是你生命的最后一天，抛开你作为儿子、丈夫、父亲的角色，你会因为什么而感到后悔与遗憾？"这个问题，让他第一次意识到，自己奔波到了40多岁才知道什么是自己真正想要的人生。

是呀,什么才是自己真正想要的呢?随着我们的成长和经历,生活中的种种挫折与变故时常让我们的内心世界发生转变,有的人在这些经历中更加坚定自我,有的人则渐渐迷失了方向,失去了那个最真实、纯粹的自己。有的人可能幸运地早早就找到了人生的方向,可有的人,可能终其一生都在寻找。

找回失去的自己,像一个诱惑,也是一种象征,它注定不是一件轻而易举的事情。它也注定是一场漫长而复杂的旅程,需要我们有足够的勇气和耐心去面对,去接纳那个可能并不完美的自己。而当我们与TA相遇,就会像我的这位高管说的那样:"我比任何时候都清楚自己要做什么,不做什么,更重要的是这让我比任何时候都通透轻松。"

我发自内心地佩服他,为他感到高兴,这5年来,他一次次地"迭代升级"自己,终于与真实的自己相遇了。我想,我们每个人都可以,以下的一些建议和方法,希望能帮助你在这场旅程中更快地找到自己。

1. 多关注自己的内在情绪和感受

很多时候,我们的身体比头脑更明白我们需要的是什么,这种自我感受力是成长的原动力,但成长的过程中它会慢慢消逝。所以,当你感到疲惫、焦虑或不安时,试着停下来,深呼吸,感受自己的情绪。不要急于压抑或逃避自己的情绪,而是尝试理解它们背后的原因。通过这种方式,你可以更加了解自己的需求,从而做出更符合自己内心的选择。

前不久,我接待了一位客户,她面临职业选择的困惑——是继续留在乙方的咨询岗位,还是转向甲方完成职业转型。她告诉我,起初她更倾向于成为甲方,因为她看到周围许多人最终都选择了这样的职业路径,似乎自己也应该如此。然而,当我请她描述在乙方经历中最令她满意的一件事,以及她所期待的甲方工作的模样时,她的话语中透露出截然不同的情感。谈及乙方经历时,她眉飞色舞,充满了自信和骄傲;而谈到甲方工作时,她的语速明显放缓,眼中的光芒也暗淡了许多。当我将她的这种情感变化反馈给她时,她瞬间变得无比清晰和坚定,决定跟随自己的感受继续留在乙方。

但我知道,很多人并不擅长这种情绪和感受的体验与识别,如果你也有这样的困扰,我强烈推荐你尝试自由书写。只需一张纸、一支笔或一台电脑,让大脑放空,跟随情绪和感受的流动进行书写。在这个过程中,你不需要考虑逻辑、用词或语法,只需要让所有的思绪像翱翔的鹰一样自由飞翔。通过自由书写,你可以更深入地了解自己的内心世界,找到那个最真实、最纯粹的自己。

2. 探索自己的欲望和动机

我们做某件事的背后往往隐藏着深层的欲望和动机。有时,我们可能为了迎合他人的期望或社会的标准而做出某些选择,而非真正出于自己内心的需要。比如,选择一个热门的专业、追求一份高薪的工作,或是按照家人的意愿选择伴侣。这些选择看似合理,但未必真正符合我们内心的需求。我们可能因此感到迷茫、焦虑，甚至失去对生活的热情。为了探寻自己做事的真正动机，我们可以尝试问自己一些问题。

首先，"如果没有任何人或事要求你，你想做什么？"这个问题可以帮助我们思考自己的兴趣和爱好，找到那些真正让我们感到快乐和满足的事情。

其次，"如果这件事不赚钱，你还愿意做它吗？"这个问题可以帮助我们识别自己做事的内在动机，看看我们是否真正热爱正在做的那件事并愿意为之付出努力。

最后，"如果这件事需要你花钱去做，你愿意为它付出吗？"这个问题则进一步考验我们的决心和信念，看看我们是否愿意为了自己的梦想和追求而付出代价。

3. 多尝试多体验

生活是一个大舞台，充满了各种可能性和机会。不要害怕尝试新的事物、接触新的领域。每一次的尝试和体验都会让你更加了解自己，发现自己的潜力和兴趣所在。通过不断尝试和体验，你可以逐渐找到那个真正属于自己的位置和方向。

我一直都有一个习惯，每年给自己预留一笔新体验基金，在工作之余去尝试和体验新事物。过去两年里，我陆续尝试了即兴戏剧、私董会（即私人董事会，一种新兴的企业家学习、交流与社交模式）、沙盘等多种活动，每一次参与这些活动都会带给我不同的感悟，我也都有所收获。最终，在人生教练的世界里，我找到了自己真正的价值感。那种无须刻意用力，就能助人助己的快乐，正是我内心深处真正渴望的。

我的一位同学，她在一家知名外企工作了15年之久，在这期间，她也从未停止过对自我和生活的探索。她尝试了不同的职位、不同的项目，甚至跨界学习了一些新的技能和知识。最终，她决定离开自己熟悉的职场，全身心地投入人生教练的事业。这个决定看似冒险，但对她来说，却是经过深思熟虑和多次尝试后做出的最符合自己内心的选择。

因此，不要害怕尝试新的事物，不要畏惧未知的挑战。每一次尝试都是一次成长的机会，它们将帮助我们更好地认识自己，发现生活中的美好与意义。

4. 建立自己的支持系统

最后我想强调的是，找回自我并不是一个单打独斗的过程。我们需要与他人建立联系，寻求支持和帮助。这些人可以是亲密的家人、知心的朋友、智慧的导师或是富有经验的教练等。他们就像上帝之眼，能帮助我们看清自己的盲点，提供不同的观点和建议。他们也像一个大容器，让你可以分享自己的经历和感受，从中获得理解与无条件的支持。当你拥有这样的支持系统，便能更加坚定地走好找回自我的每一步。

也许你和我一样，也都还在努力寻找自己的路上，没关系，只要开始，一切就都来得及。就像满天星，我一直非常喜欢的花。很长的时间里，它都是花束里的配角，近几年才逐渐崭露头角，被巧妙地打造成独具魅力、高级感满满的独立花束，受到人们的喜爱，从昔日的配角华丽转身成为今日的主角。这正如我们的人生，过去的身份与角色并不重要，因为一切都还有无限可能。关键在于我们现在和未来将如何书写自己的人生篇章。

亲爱的，愿你从此热忱且赤诚，自由又勇敢，如满天星一般既能独自绽放美丽，也能与群星一同闪耀。愿你遇见那个最真实、最美好的自己！

4.7 取悦自己,做一个懂得爱自己的女人

作者:杨海霞

在快节奏的现代生活中,我们往往会被各种任务和责任束缚,以至于忘记了如何取悦自己,甚至认为取悦自己是需要在一定的物质条件下才可以的行为。很多人觉得取悦自己是随心所欲,不受任何约束,自己想做什么就做什么,追求物质享受,满足自己的欲望和需求。但真正的自我取悦并不意味着放纵自我,取悦自己并非是一种奢侈的消遣,而是一种生活的艺术,一种自我关爱和自我提升的方式。

取悦自己不是一个任务

要取悦自己,首先我们需要深入了解自己。认识

自己的喜好、兴趣、价值观和目标。通过自我反思和内心对话，我们可以更好地理解自己的需求，并找到那些真正能带给我们快乐的事物，这种自我认知的过程是取悦自己的基础。当知道自己真正想要什么的时候，取悦自己就只需要爱自己即可。

我曾经看了一篇文章，文章主要是分享爱自己的方式，印象深刻的内容是爱自己有七个层次：

第一层，我们相信自己会发光，绝对不去喜欢不值得喜欢的人。

第二层，不埋怨自己，任何情况下都能吃好喝好睡好，身体健康最重要。

第三层，认真收拾打扮自己，家里温馨干净，自己出门又漂亮又得体。

第四层，让自己不断地学习，比如，学做饭、学做咖啡等。

第五层，你开始关注自己的情绪，不管是开心还是难过，你都允许它们流经你的身体。

第六层，你与自己开始真正和解，你会爱上你一路走过来的经历，并且爱上你自己所有的情绪。

第七层，你从真正爱自己走向爱外在的众生，你成为一个充满爱的人。

我发现爱自己就是取悦自己最重要的基石。回想我自己参加工作后的生活，每天睁开眼就是工作和家人，闭上眼还是明天的工作和家人，似乎自己的需求总是被放在最后一位，就算我给自己安排了一些放松项目，可我的内心还是放不下其他事情。每次很累时，我就会给自己安排一些护肤或者推拿项目，但事实上，这些项目似乎都是我给自己布置的任务，并不能真正让我放松下来。我记得有一次在做美容时，我问工作人员要了一个手机支架，因为我突然想到一个方案可以解决工作上的难题，于是我准备临时和我的团队一起开个会，当时美容院的工作人员都很惊讶，他们问我，来做美容是不是也是我给自己布置的任务而已，并不是真的想做这个项目。现在回想起来，我当时确实是这个模式。学会爱自己对我来说似乎是一个很难的课题，我害怕不努力会失去一切，我不相信我自己，更不能接纳自己的不够努力。

从相信自己到接纳自己，并关注自己的情绪和一切，我们才能爱上自己，并开始真正学会取悦自己。在一次严重焦虑和失眠后，我开始真正关注自己内心的声音。在生活中，我学会了倾听自己内心的声音，关注自己的需求，这包括给自己留出时间进行冥想、阅读、运动等，以满足自己内心真正的渴望。我开始更好地规划生活，把让自己快乐的事情放在首位，我学会了宽容地对待自己，接受自己的不完美，并给自己一些奖励，比如一顿美食、一件心仪的物品，或者是对自己的一个简单的赞美。

取悦自己并不是一项任务，而是一种生活态度和生活方式。它需要我们不断地认识自己、关注自己内心的需求、并善待自己。我们可以享受更多的快乐。让我们从现在开始，将取悦自己作为一种生活方式，让生活变得更加美好和充实。

身体和心灵滋养的10个小方法

35岁那年,我发现自己的身体很容易疲惫,整个人开始圆肩驼背,连带精神状态也开始变差,变得颓废起来,我这才发觉身体是我们首先要关注的对象,保持身体的健康和活力是我们自我关爱的重要前提。

我开始想改善自己的身体状况。我找了私人健身教练,对自己的身体状况做了测评,设置了健身目标,开启了运动健身模式,同时我也找了很多与饮食相关的方法。我发现滋养身体不仅仅是摄入足够健康的食物,或者不断地运动就能达成的,滋养身体更是一种生活方式,需要融入我们日常生活才有可能真正坚持下去,让身体有一个良性循环。在这几年的探索中,我发现了几个值得尝试的方法。

1. 关注饮食需求,均衡饮食

均衡饮食是身体滋养的基础,只有摄入足够的蔬菜、水果、谷物、优质蛋白质和健康脂肪,才能满足身体对各种营养元素的需求。日常生活中,我们只要保证每一餐都有足够的营养元素摄入即可,不用刻意去计算。每日一个鸡蛋,一个苹果,多吃蔬菜,海鲜和牛肉即可。

在饮食的过程中,我们要观察自己对食物的渴求到底是因为饥饿还是其他心理需求,吃之前可以觉察一下自己的食欲,吃完可以感受一下自己的饱腹感。这些都有助于我们和食物建立良好的关系。

2. 每天摄入充足的水分

水是生命之源，保持充足的水分摄入对于身体的正常运转至关重要，但是我们很可能因为繁忙的工作而忘记补充水分。我的方法是准备一个超级大的杯子，盛满大半天需要饮用的水，工作间隙停下来就喝一口，当作自己放松的一刻。

3. 按照自己的规律运动

定期进行适量的运动，有助于增强体魄、提高抵抗力。选择自己喜欢的运动方式，如跑步、游泳、瑜伽等，每周至少进行150分钟中等强度的有氧运动。我的方式比较简单，上班走路，下班走楼梯，这些活动都有助于我的身体保持一个健康的状态。

4. 充足的睡眠

充足的睡眠有助于身体的恢复和修复。保持规律的作息时间，每晚7—9小时的睡眠有助于身体健康。似乎道理大家都懂，但是大部分现代人最喜欢的就是熬夜"刷"视频，很多人"刷"视频是为了弥补自己白天的辛苦工作。如果我们把补偿式的"刷"视频换成其他活动，那我们的生活会规律和健康很多。

5. 减少压力

长期的精神压力会对身体造成负面影响。学会放松自己,通过冥想、深呼吸、与朋友交流等方式减轻压力。经常与朋友交谈,让自己的情绪和压力有释放的出口,把情绪和压力表达出来,缓解精神压力。

6. 适当补充维生素和矿物质

适当补充维生素和矿物质,有助于弥补日常饮食中营养物质摄入不足的情况,提高免疫力。随着我们年龄的增长,我们的身体机能会慢慢不如以前,日常食补是一个好的强健体魄、提高免疫力的方法。

7. 定期体检

定期体检有助于我们及时发现和治疗各种疾病。根据自己的年龄和性别,选择合适的体检项目,并按时进行体检。我基本每年都会去医院体检,确保自己每年都了解身体这台"机器"的情况,查漏补缺。

8. 阅读与学习

阅读可以让我们接触更广阔的世界,学习更多的知识。通过阅读与学习,我们可以丰富自己的内心世界,提升自己的精神层次。每天阅读几篇小文章,让自己的内心更丰富。

9. 保持积极的心态，多跟大自然接触

保持积极的心态对于身体健康同样重要，乐观向上的精神状态能帮助我们的身体抵御各种疾病的侵袭。我们在休息时，可以走出室内，去到户外，与大自然接触，感受大自然的美丽与宁静。与大自然亲近有助于我们放松心情，缓解压力，让我们重新找回内心的平静。

10. 培养兴趣爱好，拥有感恩和欣赏生活的能力

拥有兴趣爱好可以让生活更加丰富多彩，也有助于我们缓解压力、提高生活质量。选择适合自己的兴趣爱好，如阅读、绘画、音乐等，并投入时间和精力去培养它。每天花一些时间，去思考并感激生活中的美好事物和人。感恩的心态有助于我们更加珍惜当下，减少抱怨和不满。

通过以上10个小方法，我们可以在日常生活中更好地滋养身体和心灵，保持身心健康。请记住，身体是革命的本钱，只有保持健康的身体，才能更好地享受生活、追求梦想。同时，关注心灵的健康，为自己创造一个更加和谐、快乐的生活。

练习1：摆脱"应该"，给自己松绑

最近你正在经历一件有不好情绪的事件是什么？

我邀请你跟这些情绪对话，找到这些情绪背后的念头都有什么？情绪ABC法则告诉我们，想法和念头决定了我们的情绪，情绪决定了我们的行为，解决情绪内耗可以从觉察情绪背后的想法和念头开始。

在这些念头里，看看哪些念头是"应该"，把它们一一找出来，像晾晒衣服一样，写在纸上。

我的"应该"：

<u>我应该做一个有需求就回应的人</u>；

<u>老板就应该凡事有周全的策略，就应该比我更厉害</u>；

……

然后邀请你把"应该"，换成"我可以……；我还可以……"。当你看到你有更多选择以后，再重新回看这个事件，你有什么新的决定呢？

练习2：测评"你会爱自己吗？"

一、测评问题

1. 自我认知

（1）你是否清楚自己的优点和缺点？

（2）你是否接受并尊重自己的独特性？

2. 情感照顾

（1）当你感到难过或沮丧时，你会如何安慰自己？

（2）你是否愿意为自己投入时间和精力，去做那些能让自己感到快乐的事情？

3. 身体照顾

（1）你是否有定期运动的习惯和健康的饮食习惯，以保持身体健康？

（2）你是否关注自己的睡眠质量，确保自己获得了足够的休息？

4. 个人成长

（1）你是否愿意学习新的技能或知识，以提升自己的能力？

（2）你是否经常反思自己的行为和决策，并从中学习和成长？

5. 时间管理

（1）你是否为自己设定了明确的目标，并制定了实现这些目标的计划？

（2）你是否有效地管理了自己的时间，确保自己有足够的时间用于自我关爱和娱乐？

6. 人际关系

（1）你是否选择与那些让你感到被支持和被爱的人建立关系？

（2）你是否愿意为自己设立界限，以保护自己不受他人的伤害？

二、测评结果分析

1. 高度自我关爱

如果你对大多数问题都给出了肯定的回答，那么你可能已经很好地实践了自我关爱。你了解自己的需求，并愿意为此投入时间和精力。

2. 中度自我关爱

如果你对某些问题给出了不确定或否定的回答，那么你可能需要进一步思考并用更多的时间来关心自己，更好地爱自己。

3.低度自我关爱

如果你对大部分问题都给出了否定的回答，那么你可能需要认真反思，并采取积极的行动，开始更好地爱自己。

三、建议

你可以对每个测评问题进行深入思考，找出自己需要改进的地方，并制定相应的计划。

记住，爱自己是一种持续的努力，不是一次性的行为。要时常关注自己的需求，并为满足这些需求努力。